KB091847

이명현
문경수
이유경
이강환
최준영

외계생명체 탐사기

서호주에서 화성까지, 우주생물학의 세계를 가다

서해문집

외계생명체 탐사기

서호주에서 화성까지,
우주생물학의 세계를 가다

초판 1쇄 인쇄 2015년 12월 5일
초판 1쇄 발행 2015년 12월 10일
지은이 이명현 문경수 이유경 이강환 최준영
펴낸이 이영선
편집이사 강영선
주간 김선정
편집장 김문정
편집 김종훈 김경란 하선정 김정희 유선
디자인 신덕호 김회량 정경아 이주연
마케팅 김일신 이호석 김연수
관리 박정래 손미경 김동욱

펴낸곳 서해문집
출판등록 1989년 3월 16일
(제406-2005-000047호)
주소 경기도 파주시 광인사길 217
(파주출판도시)
전화 (031)955-7470
팩스 (031)955-7469
www.booksea.co.kr
shmj21@hanmail.net

ISBN 978-89-7483-753-2 03440
값 12,900원

이 도서의 국립중앙도서관 출판시도서목록
(CIP)은 e-CIP 홈페이지(http://www.nl.go.kr/
ecip)에서 이용하실 수 있습니다.
(CIP제어번호: CIP2015031868)

이 책에 실린 사진과 도표는 저작권자의 허락을
얻었습니다. 다만 일부는 저작권자를 찾기
어려웠습니다. 저작권자와 연락이 닿는 대로
정식 게재 허가 절차를 진행하겠습니다.

외계생명체 탐사기

서호주에서 화성까지,
우주생물학의 세계를 가다

ASTRO BIO- LOGY

외계생명체 탐사기

서호주에서 화성까지,
우주생물학의 세계를 가다

CONTENTS

INTRO

이명현

우리는 우주시민이다

외계생명체를 연구하는 우주생물학은 달리 생각해보면 좀 황당한 학문이다. 연구 대상인 외계생명체가 아직 발견된 적이 없기 때문이다. 없는 대상을 연구한다? 지구 밖에 존재할지도 모르는 생명체를 찾는 작업은 어쩌면 우주 속 생명 현상의 보편성을 확인하는 작업일 것이다. 현재 우리가 알고 있는 우주 속 유일한 생명체는 지구생명체다.

만약 외계생명체의 존재가 관측으로 확인된다면 지구가 유일한 생명체의 거주지가 아니라는 것이 증명된다. 하나와 둘 사이의 차이는 생각보다 클 수 있다. 둘은 여럿으로의 도약을 위한 징검다리가 될 것이다. 외계생명체의 존재에 대한 단 하나의 발견은 곧 우주생명의 보편성을 담보하는 보물이 될 것이다.

외계생명체를 찾으려다보니 '생명이란 무엇인가?'라는 질문에 다시 부딪히게 된다. 지구생명체인 인간에게 '생명'이란 늘 있는 너무 당연한 존재로 여겨지고 있었을지도 모른다. 하지만 지구 밖에서 생명체를 찾는 작업을 시작한 뒤 다시 '생명'에 대한 근본적인 질문에 답해야 했다.

그 답이 비록 만족스럽지 못하더라도 외계생명체를 찾으려면 기계적으로라도 객관적인 '생명'의 정의 내지는 특성에 대한 합의가 필요하다. 없는 것을 찾는 우주생물학이 우리에게 유효한 이유가 바로 여기에 있다. 우리는 외계생명체 탐색을 통해서 우리 자신의 정체성에 대해서 질문을 던지고 있었던 것이다.

막연할 것만 같던 외계생명체 탐색의 열매가 서서히 맺고 있다는 느낌이다. 그 중심에 화성이 있다. 숱한 탐사선이 보내온 정보를 통해서 화성은 박테리아나 미생물 정도의 살아 있는 외계생명체가 존재할지도 모른다는 개연성 있는 기대를 할 수 있게 되었다. 현재 화성 표면에서 활동하고 있는 화성탐사선 큐리오시티Curiosity는 이미 알려져 있던 화성의 특성을 더 자세하게 확인해줄 뿐 아니라 새로운 사실도 많이 밝혀내고 있다.

화성에는 과거 전 행성 규모의 물의 흐름이 있었다는 것은 이제 상식이 되었다. 화성에는 지구와 조성이 다르지만 대기가 있고 바람이 불고 진눈깨비도 내리고 빙하인 극관도 있다. 큐리오시티가 밝혀낸 것 중에는 화성 표면에서 스며 나오는 소금물의 존재에 대한 것도 있다. 2015년 9월 드디어 화성 표면에서 액체 상태의 물의 존재가 확인되었다. 물은 생명체의 존재와 번성에 아주 중요한 요소다. 그동안의 관측 결과를 바탕으로 한 논리의 화살은 화성에 살아 있는 미생물이나 박테리아 같은 생명체가 존재할 개연성이 높다는 쪽으로 날아가고 있다.

유럽우주국에서는 화성 표면에서 2미터 정도의 깊이를 뚫고 내려갈 수 있는 굴착기를 장착한 엑소마스ExoMars 탐사선을 2016년 발사할 예정이다. 엑소마스는 화성 표면 밑 땅속에 액체 상태의 물이 존재하는지, 그곳에 메탄가스를 만들어내는 박테리아나 미생물 같은 생명체가 존재하는지를 살펴볼 계획이다. 나사NASA(미국우주항공국)에서도 2020년 발사 예정으로 마스Mars2020 계획을 준비 중이다. 가까운 미래의 어느 날 화성에서 생명체를 발견했다는 소식을 듣는 벅찬 행운의 날을 목격할 수 있으면 좋겠다. 과연 그럴 수 있을까. 과학자들은 '거의 그렇다'다.

좋은 소식이 몇 가지 더 있다. 목성과 토성의 위성 중에는 표면은 얼음으로 뒤덮여 있지만 그 내부에는 거대한 바다를 갖고 있는 것이 많다고 밝혀졌다. 그동안 바다를 갖고 있는 것으로 알려졌던 유로파Europa와 엔셀라두스Enceladus 외에 목성의 위성인 가니메데Ganymede도 내부에 액체 상태의 물이 존재한다는 것이 밝혀졌다. 다른 큰 위성의 내부에도 바다가 있을 개연성이 높아지고 있다. 태양계 내에서도 생명체가 존재할 수 있는 곳이 생각보다 많을 수 있다는 것을 보여주는 예다.

태양계 내의 행성과 위성에서 생명체가 존재할 가능성이

높아지면서 지구생명체에 대한 관심도 함께 높아졌다.
태양에서부터 적당한 거리에 떨어져 있어서 표면에 액체 상태의 물을 보유하고 있는 지구와 비교해서 다른 행성이나 위성의 표면은 너무 추워서 얼음으로 뒤덮여 있거나 너무 뜨거워서 물이 증발해버린 메마른 상태다. 지구생명체의 입장에서 보자면 척박한 환경이다. 그런 척박한 곳에도 생명체가 살 수 있을까.

이런 의문을 해결하기 위해서 과학자들은 지구의 극한 환경에 살고 있는 생명체를 연구하고 있다. 남극과 북극의 빙하 속에 살고 있는 생명체, 화산 근처에 살고 있는 생명체, 빛이 들어가지 못하는 심해저에 살고 있는 생명체 등등 극한의 환경에서 생명체가 어떤 상태로 존재하는지 연구하고 있다.

거기서 얻는 정보를 바탕으로 행성이나 위성의 척박한 환경 속에서 외계생명체가 어떤 방식으로 존재할 것인지 예측하고 발견할 수 있는 전략을 마련하고 있다. 외계생명체를 연구하는 우주생물학의 범위가 지구생명체 연구까지 포괄하는 방향으로 확장되고 있는 것이다.

먼 여행을 한 후 지구로 떨어진 운석 중에는 화성에서 온 것도 있고 달에서 온 것도 있고 수성에서 온 것도 있다. 우주 탐사를 하지 않고 지구에 앉아서 외계생명체의 존재에 대한 힌트를 얻을 수 있는 보물 같은 존재가 바로 이 운석이다. 화성에서 온 '앨런힐스 84001'이라는 운석은 전자현미경으로 살펴본 결과 박테리아의 화석으로 여겨지는 것이 발견되었다고 주목받은 적이 있다. 아직 모든 과학자가 이 발표에 동의하는 것은 아니지만 외계생명체 탐색의 새로운 지평을 연 것은 사실이다.

현재 가장 활발한 우주생물학 분야 중 하나는 외계행성 탐색이다. 간헐적으로 시도되고 있던 외계행성 탐색 작업은 2009년 케플러Kepler 우주망원경이 발사되면서 좀 더 체계화되고 가속화되기 시작했다. 외계행성 발견이 주목적인 케플러 우주망원경이 그동안 발견한 사실은 충격적이기까지 하다. 그동안의 관측 결과를 바탕으로 통계적으로 유추한 결과 우리 은하 내에는 지구와 비슷한 유사지구가 계산 방식에 따라서 좀 다르긴 하지만 대략 50억~500억 개 정도 되는 것으로 밝혀졌다. 결론은 지구와 비슷한 환경 조건을 갖춘 행성이 우리은하 내에 너무 많다는 것이다. 개별적인 발견에서도 지구보다 좀 크고 무거운 슈퍼지구가 여럿 발견되었다. 지구와 물리적 조건이 거의 똑같은 유사지구 또는 쌍둥이 지구를 찾는 노력은 계속되고 있다.

유사지구가 많이 존재할 것이라는 추정은 지구생명체와 비슷한 생명체가 살 수 있는 환경 조건을 갖춘 외계행성이 많이 존재할 수 있다는 이야기다. 과학자들은 가능성이 있는 외계행성을 대상으로 다른 특성을 파악하기 위해 심화 관측하고 있다. 외계행성 중 하나에서 생명체의 존재를 확신할 수 있는 흔적을 발견했다는 소식을 기대해 본다.

외계지적생명체 탐색은 전통적으로 전파망원경을 사용해서 외계지적문명이 만들어냈을 인공전파신호를 포착하는 데 집중해왔다. 외계행성에 살고 있는 생명체들이 우리처럼 지능이 발달했다면 문명을 건설했을 것이고, 그렇다면 그 결과로 전자기기를 사용할 것이라고 추측해 볼 수 있다. 지구는 태양에서 오는 전파를 반사한다. 그런데 20세기 이후 수많은 전자기기의 사용으로 인해서 지구 밖에서는 순수한 자연적인 전파신호 외에 다른 신호가 섞인 전파신호를 목격할 것이다. 문명이 발달된 외계행성의 경우도 마찬가지다. 외계행성으로부터 날아오는 전파신호 중 인공적인 전파신호를 골라내고 포착하려는 것이 그동안의 외계지적생명체 탐색 프로젝트의 주된 패러다임이었다.

여러 후보가 있었지만 통계적으로 유의미한 인공신호를 포착하지는 못했다. 최근에 러시아 투자자인 유리 밀너Yuri Milner가 10년 동안 1억 달러를 외계지적생명체 탐색 프로젝트에 기부하기로 했다는 반가운 소식이 있었다. 그동안 해오던 외계지적생명체 탐색 프로젝트에 가속이 붙게 되었다. 케플러 우주망원경의 놀라운 관측 결과와 밀너의 기부금을 양손에 쥔 외계지적생명체 탐색 프로젝트는 이제 선택과 집중을 통한 새로운 도약의 문 앞에 서 있다. 외계지적생명체가 만들어 낸 인공전파신호를 포착할 날이 멀지 않았다는 기대를 해 볼 수 있게 만들어주는 대목이다.

아직 외계생명체가 발견된 적은 없지만 우주생물학은 이미 가장 활발한 과학 분야로 자리 잡았다. 수많은 과학자들이 수많은 노력과 전략으로 외계생명체 탐색에 나서고 있다. 어쩌면 우리는 외계생명체의 발견을 목격하는 첫 번째 인류가 될 지도 모른다. 이 책은 그런 의미에서 우주생물학의 시대를 살아가는 우주시민들이 갖춰야할 우주생물학적 핵심교양에 관한 책이다.

최초의 생명체를 찾아서 서호주 사막을 누비다

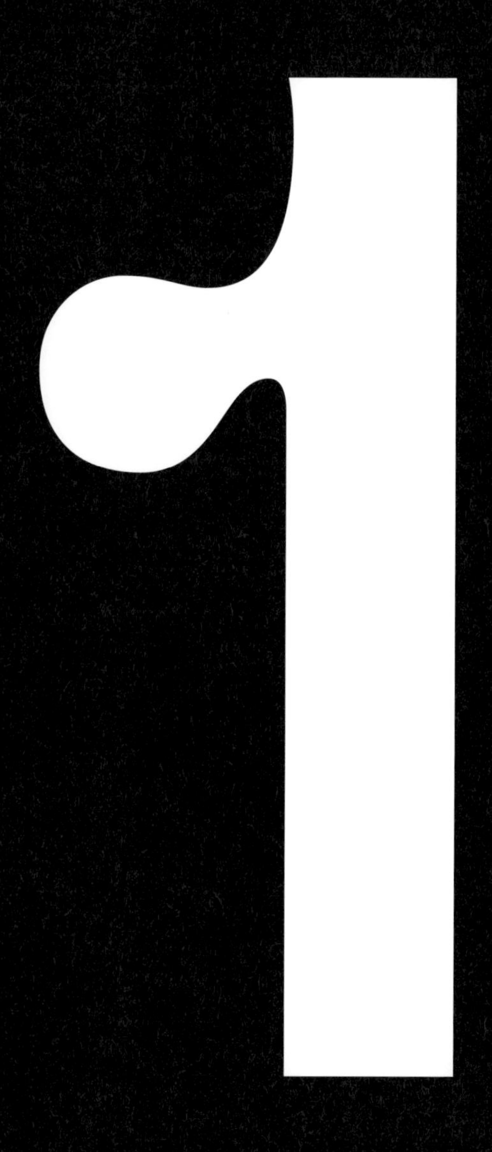

과학탐험가 문경수

최초의 생명체를 찾아서 호주 사막을 누비다

지구 곳곳을 누비는 탐정, 우주생물학자

3년 전인 2012년 나사NASA 우주생물학자 23명과 함께 서호주 노스폴 지역에서 지질탐사를 하고 있었다. 노스폴은 서호주의 관문도시 퍼스에서 북쪽으로 2000킬로미터 떨어진 곳으로, 호주에서 가장 더운 지역으로 유명하다. 1923년 여름, 150일 동안 수은주가 50도를 넘어 기네스북에 오르기도 했다. 조금이라도 기온이 내려갔으면 좋겠다는 바람에서 마을 이름을 노스폴North pole(북극)로 지었다고 한다. 기온이 너무 높아 사람이 살기엔 적합하지 않지만 과학자에겐 최고의 탐사지다.

노스폴은 지구 초기 생명체의 흔적이 남아 있는 곳으로, 지질학과 진화 등 우주생물학적 관점에서 매우 중요한 지역이다.

나사는 화성 탐사를 앞두고 조사를 벌인 결과 지구에서 화성 지대와 가장 비슷한 곳으로 노스폴 인근의 필바라 지역을 꼽았다. 이 정도면 왜 우주생물학자들이 남반구의 황량한 사막을 찾는지 이해가 될 것이다.

생물학이 지구권에 사는 생물을 연구하는 학문이라면, 우주생물학은 지구 밖 우주 공간에 사는 생명체를 연구하는 학문이다. 지구와 다른 환경에 사는 생명체를 연구하는 일은 기존 생물학의 영역을 벗어난다. 생명의 정의부터 다시 내려야 하고, 우주라는 특수한 공간에 대한 이해도 필요하다. 즉 생물학의 경계를 넘어서 인접 과학 분야인 지질학, 고생물학, 천체물리학, 화학 같은 학문과 협업이 필수인 분야다.

우주생물학자는 사건 현장을 찾는 탐정과 비슷하다. 지각에 남겨진 단서를 모으고 최첨단 기술을 이용해 많은 정보를 뽑아낸다. 이들에게 사건의 단서가 되는 것은 암석과 표본이다. 얻어낸 정보로 과거에 어떤 일이 일어났는지 밝혀낸다. 이들은 연중 몇 달 동안 극한환경에 살고 있는 생명체나 과거에 그곳에 살았던 생명체의 흔적을 찾아 지구 구석구석을 누빈다.

지구에는 정말 이상한 곳에 사는 생명체가 많다. 서호주 샤크만의 헤멀린 풀처럼 염분 농도가 두 배 이상 높은 바닷물에 사는 미생물(시아노박테리아)이라든지, 미국 옐로스톤국립공원의 펄펄 끓는 간헐천에 사는 미생물(호열성박테리아), 햇빛이 들지 않는 심해 수천 미터에서 뜨거운 열수와 고압에도 아랑곳하지 않고 살아가는 세균 심지어 수천 년 간 눈이 쌓여 만들어진 남극의 빙하 속에 살고 있는 미생물도 있다.

인간이 직접 갈 수 없는 화성 같은 행성엔 탐사로봇을 대신 보내 생명체의 흔적을 찾는다. 현장에서 수집한 샘플을 최첨단 장비로 분석하면 수십억 년 전에 살았던 미생물의 모습과 나이 그리고 당시 지구 환경의 비밀을 엿볼 수가 있다. 즉 극한환경에 사는 미생물 연구를 통해 지구와 환경 조건이 다른 외계 행성에도 생명체가 살 수 있는지를 추론해 볼 수 있다.

2010년 나사에서 중대발표를 하겠다고 선언해 크게 이슈가 된 적이 있다. 사람들은 드디어 나사가 외계인을 찾았다며 잔뜩 기대에 부풀었다. 하지만 발표 내용은 미국 캘리포니아 근처 담수호수에서 비소 박테리아를 발견했다는 것이었다. 생명체를 구성하는 필수 원소 중 인을 대신해 독극물 원소인 비소로 배양하는 데 성공한 것이다. 이 말이 사실이라면 생물학의 역사를 새로 쓸 만큼 중대한 발견이지만 많은 사람들은 허탈감을 감추지 못했다. 사람들이 원하는 건 돌연변이 미생물이 아니라 인간과 유사한 형태의 지적 생명체였기 때문이다. 하지만 화성을 비롯한 우주 어딘가에 생명체가 살고 있다면 그 주인공은 아마도 오랜 시간 극한환경에서 살아남은 세균일 확률이 높다.

화성 탐사를 위한 로봇 그리고 메탄가스

잠시 화성탐사 로봇 이야기를 해보자. 2012년 8월 6일, 나사에서 발사한 1톤 트럭 크기의 화성 탐사 로봇 '큐리오시티Curiosity'가 화성의 게일 분화구 근처에 착륙했다. 큐리오시티의 임무는 화성에 있는 수십억 년 전 암석을 조사해 생명의 구성요소 (유기물)을 찾는 것이다. 즉 우주생물학자가 지구에서 하는 일을 화성에서 대신하는 것이다. 차이가 있다면 지구에서는 현지 조사를 직접 하지만, 화성에서는 컴퓨터를 이용해 탐사로봇이 대신한다는 것뿐이다.

2013년 초 큐리오시티가 로봇 손에 달린 드릴을 이용해 화성 표면에 깊이 6.4센티미터, 지름 1.6센티미터에 이르는 구멍을 뚫어서 토양을 분석하기 시작했다. 이 작업은 과학계에서 크게 이슈가 됐다. 큐리오시티 이전에 화성에 도착한 로봇은 화성 표면에 있는 암석만 분석했다. 하지만 지각에 노출된 암석의 표면은 풍화돼 변질돼 있으므로 정확한 분석이 어렵다. 더 정확하게 분석하려면 변질되지 않은 암석 샘플이 필요한데 최초로 큐리오시티가 드릴 작업을 성공적으로 해낸 것이다.

같은 이유로 지구에서도 우주생물학자가 땅에 시추코어 작업을 한다. 지구는 화성 표면보다 외부 물질에 대한 오염도가 높기 때문에 3~4킬로미터 깊이에 있는 깨끗한 샘플을 채취한다. 이처럼 탐사로봇이 우주생물학자를 대신해 화성을 조사하지만 생산성은 그리 높지 않다. 한 예로 큐리오시티는 2년 반이 넘는 동안 대략 9킬로미터 정도 이동했다. 바퀴가 여섯 개나 있는 로봇치고는 움직임이 너무 느리지 않나. 큐리오시티는 이동 중에 장애물을 만나면 우선 멈춘다. 지구에 있는 과학자가 똑같은 크기의 탐사로봇과 장애물 조건을 연구소에 재현한 뒤 완벽하게 장애물을 넘을 수 있다고 판단해야 이동 명령을 내린다. 이러니 느릴 수밖에 없다. 한번은 3개월 정도 움직임을 멈췄던 적도 있다. 아무리 장애물을 벗어나는 시뮬레이션을 해도 방법을 찾지 못했다. 그렇게 시간이 흐르던 중 자연스럽게 모래바람이 불면서 장애물 구덩이를 메꾸는 바람에 전진할 수 있었다. 천문학적 금액이 투입된 로봇이다 보니 한걸음 한걸음이 조심스러울 수밖에 없다.

나사의 화성탐사 임무는 한때 정부의 예산 삭감으로 위기에 봉착했다. 이런 상황 속에서 다시금 화성의 생명체 탐사에 불씨를 지핀 것이 있다. 바로 화성 대기에서 검출된 메탄가스다. 메탄은 쉽게 말하면 '방귀'다. 지구에서 발생하는 90퍼센트 이상의 메탄가스는 소의 방귀나 생물의 사체가 썩으면서 나온다. 달리 말하면 화성 대기에 메탄가스가 있다는 것은 생물학적 화학 반응이 있을 수도 있다는 가설을 뒷받침해준다.

결정적으로 메탄가스가 생명체 존재의 강력한 증거가 되는 건 메탄가스가 미생물의 먹이가 된다는 점이다. 이렇듯 화성 대기에서 메탄가스가 발견되면서 화성의 생명체 탐사는 탄력을 받았다. 화성 대기의 메탄가스는 거대한 분광기가 설치된 하와이 섬 마우나케아 산 부근에 있는 켁 천문대에서 관측한 후 스펙트럼을 분석해 컴퓨터로 분석하게 된다. 분광기는 빛의 스펙트럼을 얻는 장비다. 메탄은 특정한 빛의 파장을 흡수하는 성질이 있는데, 화성에서 오는 빛을 분석하면 화성 대기의 메탄 양을 측정할 수 있다. 만약 분광기가 없다면 천문학은 우주를 보는 능력의 반을 잃게 될 정도로 중요한 장비다.

천문학의 성지, 하와이

극한 미생물 연구와 더불어 우주생물학에서 중요한 역할을 하는 대형 망원경을 만나러 잠시 하와이로 날아가 보자. 2008년에 일반인 20여 명과 함께 이곳 탐사에 나섰다. 일반적으로 하와이 하면 훌라춤과 와이키키 해변이 있는 오하후 섬을 떠올리지만, 지구를 이해하는 데 있어서 하와이는 정말 없어서는 안 되는 중요한 지역이다. 하와이 제도를 이루는 커다란 섬 네 곳 중 오하후 섬을 제외한 나머지 섬들은 과학적으로 무척 중요하다.

울창한 원시 밀림이 잘 보존된 카우아이 섬은 영화 ‹주라기 공원› 촬영지로 고생태계 연구뿐만 아니라 인류학에서 폴리네시아 문명을 이해하는 중요한 흔적이 곳곳에 남아 있다. 둘째로 큰 마우이는 용암으로 형성된 두 섬이 하나로 연결되어 있다. 지질학뿐만 아니라 여러 나라의 천문관측소가 있는 곳이다. 우리의 목적지인 하와이 제도에서 가장 큰 하와이 섬(애칭 빅아일랜드 섬)은 아직도 화산 활동이 빈번이 일어나는 곳이자 세계적 규모의 천문대가 있는 곳이다. 과학계에서는 '천문학의 성지'로 불린다.

천문학자들을 만나려면 해발 4205미터의 마우나케아 산 정상 부근으로 가야 한다. 만년설이 덮혀 있는 산 정상 부근에 도착하면 수바루 천문대, 켁 천문대 등이 나온다. 빛을 모으는 반사경의 지름 크기가 8~10미터에 이르는 반사 망원경들이 우주를 향하고 있다. 마우나케아 산의 높이는 해저 기준으로 1만 미터가 넘는 산이다. 만약 해수면 위로의 높이가 1만 미터라면 대류권을 넘어설 만큼 높은 산이다. 이처럼 해발고도가 높고, 빛 공해의 영향이 적어

천문대를 세우기에 최적의 조건을 갖춘 곳이다.

산 정상에 오르다보면 만년설이 보인다. 자세히 보면 만년설 위로 흰 자국도 보이는데 천문학자들이 스키를 탄 흔적이다. 차를 타고 천문대로 향하다보면 고도가 높아지면서 기압이 낮아져 과자봉지가 부풀어 오르고, 마개를 잠근 플라스틱 생수병이 찌그러든다. 산 정상은 지상보다 산소가 40퍼센트 가량 부족하고 기압도 낮아 심장 박동이 빨라지고 어지럼증과 두통이 찾아온다. 과학자들의 안내에 따라 가급적 천천히 움직이고 사탕이나 초콜릿, 물을 자주 마시는 게 좋다. 간혹 수칙을 어기고 행동하면 호흡곤란이나 구토 증세를 일으켜 산 아래로 내려가는 경우도 있다.

이곳에 있는 망원경은 허블우주망원경으로 찍은 외계행성 후보들을 집중 관측하고 있다. 우리 일행은 마우나케아 천문대 중 가장 먼저 터를 잡은 일본 국립천문대 '수바루 천문대'에 들어갔다. 한국인 천문학자 표태수 박사가 일하고 있는 곳이다. 그의 안내로 주경 8미터 규모의 천문대 안을 살펴보았다.

망원경이 주목받는 이유 중 하나가 적응광학 기술 때문이다. 일반적으로 천체 관측이라고 하면 굴절형 망원경에 천문학자가 눈을 갖다 대고 우주를 관측하는 모습을 떠올린다. 과거처럼 우리 태양계 내에 있는 가까운 천체를 관측할 때는 이 방법이 유효하지만, 현대 천문학처럼 멀리 떨어진 우주를 관측하거나 태양계 내 행성을 정밀 관측한다면 적응광학이라고 불리는 기술이 필요하다.

우리가 아무리 좋은 성능의 지상 망원경을 갖고 있어도 대기의 산란 현상 때문에 우주로부터 날아오는 빛의 선명한 이미지를 얻을 수 없다. 그래서 관측하려는 별 옆에 레이저를 이용해 가짜별을 만든다. 이 별의 빛이 망원경으로 들어올 때 이글거림을 컴퓨터로 분석해 역보정함으로써 선명한 상을 얻을 수 있다. 실제로 밤에 관측하는 장면을 보면 천문대에서 우주를 향해 레이저를 쏘는 진풍경이 벌어진다. 심형래가 주연한 영화 〈우뢰매〉를 보면 소백산 천문대에서 레이저를 쏴서 외계인을 공격하는 장면이 나오는데, 우뢰매의 상상력이 20년 후에 이곳에서 현실이 됐다고 표 박사는 말했다.

아무리 지상에 거대한 망원경을 세워도 우리는 100킬로미터에 이르는 대기의 산란현상에서 자유로울 수 없다. 그래서 대기의 영향을 받지 않는 우주 공간으로 허블우주망원경 같은 우주망원경을 우주 공간으로 보내 대기의 영향을 받지 않고 태양계 밖의 우주까지 관측할 수 있다.

우주에서 온 선물, 운석

또 하나 우주생명체를 이해하는 키워드로 운석을 꼽을 수 있다. 호주 대륙은 남극을 제외한 1제곱미터 당 운석의 개수가 가장 많은 지역이다. 이와 더불어 지구상에서 공인된 운석분화구 180개 중 40개가 있는 곳이기도 하다. 사진 속 운석은 세계에서 둘째로 큰 운석분화구인 호주 킴벌리 지역의 울프크릭 운석분화구에서 발견한 운석의 단면이다. 보는 것처럼 순도 60퍼센트 이상의 철질운석이다. 말 그대로 쇳덩어리다. 철에 대한 기원 중에 운석의 충돌로 인해 철이 지각으로 녹아 들어갔다는 가설이 있다. 이 운석을 보면 가설이라고만 볼 수는 없겠다.

이처럼 미생물 화석과 더불어 호주에서 발견된 운석이 우주생명체를 이해하는 중요한 재료다. 가장 대표적인 사례가 아폴로 11호가 달에 착륙하던 1969년 호주 빅토리아 주 머치슨 지역에 떨어진 운석이다. 지구 밖에서 온 운석 중에서 최초로 유기물질이 발견되었다. 단백질을 구성하는 아미노산인 글리신, 알라닌, 글루탐산 등과 지구 생명체에는 없는 아미노산인 이소발린, 슈도류신이 발견됐다. 이 운석의 발견으로 생명 탄생의 필수 재료가 100퍼센트 지구에서 만들어져야 하는 게 아닐 수도 있다는 상황이 만들어졌다. 당시 미국 지질조사국에서 운석 대부분을 수거해 갔고, 호주에는 퍼스에 위치한 서호주박물관에 진품 머치슨 운석의 샘플이 전시돼 있다. 퍼스에 위치한

울프크릭 운석분화구에서 발견한 운석의 단면

커틴대학교의 운석 전문가인 필립 블랜드 교수에 의하면 서호주 동남부의 널라버 평원에는 아직도 우주생명체 기원에 대한 중요한 단서가 될 만한 운석이 많다. 영국 임페리얼대학에 근무하던 그가 좋은 조건을 뿌리치고 커틴대학교로 자리를 옮긴 이유도 현장 연구가 쉽기 때문이라고 했다.

우주생물학자와 조우하다

본격적으로 우주생물학 탐사에 들어가자. 처음에는 아주 지극히 개인적인 호기심에서 출발했다. ‹과학동아›에서 기자로 근무하던 시절, 좀더 역동적인 기사를 써보고 싶었다. ‹내셔널지오그래픽› 탐사전문 기자의 모습이 늘 머릿속을 맴돌았다. 특히 지구의 기원에 관심이 많았던 터라 관련된 다큐멘터리를 자주 봤다. BBC, NHK, ‹내셔널지오그래픽›에서 제작한 지구 생명체의 기원에 대한 다큐멘터리를 보다가 한 가지 공통점을 발견했다. 지구 초기 생명체의 기원을 설명하는 장면에 등장하는 과학자가 같은 사람이라는 점이다.

그는 서호주지질조사국(Geological Survey of Western Australia)의 마틴 반 크라넨동크Martin Van Kranendonk 박사였다. 그는 다큐멘터리에 등장해 서호주 샤크만의 스트로마톨라이트 군락을 배경으로 지구 초기 생명체의 기원을 설명했다. 모든 이의 로망인 4륜구동 자동차로 붉은색 흙먼지를 날리며 스트로마톨라이트 군락이 있는 해안에 도착할 때 모습이 무척 인상적이었다.

그 뒤로 크라넨동크 박사에 관한 자료를 찾아봤고, 세계적인 우주생물학자이자 층서지질학자라는 사실을 알게 됐다.

마침 서호주에 갈 일이 있어 그에게 메일을 보냈다. 서호주에 도착해 한국으로 돌아올 때가 다 되도록 연락이 없었다. 인연이 아닌 듯해서 체념하고 한국행 비행기에 오르기 3일 전 그에게서 회신이 왔다. 야외 조사 차 아웃백에 나가 있어서 메일을 방금 확인했다며 만나자고 했다. 그냥 갈 수 없어서 그동안 궁금했던 몇 가지 점을 정리해 인터뷰하기로 했다. 다큐멘터리에서 수없이 봤던 인물이어서 그런지 첫 만남이 그다지 어색하지 않았지만, 우주생물학계의 슈퍼스타를 만난다는 설렘에 인터뷰 내내 가슴이 뛰었다.

그의 사무실은 지질학자의 방답게 온갖 화석으로 넘쳐났다. 캐비닛 위에 놓인 암석의 나이를 합치면 족히 수백억 년은 넘어 보였다. 그중 한 암석 가운데 표면에 SHRIMP라고 적힌 푸른 퇴적암은 거대이차이온질량분석기(Sensitive High Resolution Ion Microprobe, 이하 SHRIMP)로 분석된 암석을 나타내는 표식이었다. SHRIMP는 이온광선을 이용해 지르콘의 각 측을 분석하는 장치로 초기 지구에서 일어난 퇴적활동, 화산활동, 지각변동 같은 현상들의 복잡한 시간관계를 알아내는 분석 장치다. 시생대 지질 연구에 없어서는 안 될 장비로 전 세계에 세 대 뿐인데 그 중 하나가 서호주 커틴대학교에 있다고 했다.

책상 위에는 지구 최초 생명체의 흔적인 스트로마톨라이트 화석과 우주에서 날아온 운석 덩어리가 어깨동무하고 있었다.

한 시간 남짓 인터뷰를 마치고 연구소 곳곳을 보여줬다. 미생물 화석으로 가득한 자료실로 데려가더니 30억 년 이상 된 시아노박테리아(최초로 광합성을 해 산소를 만들어 낸 남세균)의 흔적을 광학 현미경으로 보여줬다. 책에서 흐릿한 이미지로만 봤던 실체를 두 눈으로 보는 순간 나도 모르게 짧은 탄성이 터져 나왔다. 또한 우주생물학자가 탐사를 다니는 서호주 사막 지형을 3D 모델로 구현해 놓은 구글어스 지형 모델과 지도를 보여줬다.

한참을 이야기하던 중 갑자기 한 가지 제안을 해왔다. 열흘 후에 각 대륙을 대표하는 세계적인 우주생물학자들이 퍼스에 모여 컨퍼런스할 계획이고, 컨퍼런스를 마치고 최초로 우주생물학 현장 조사를 진행할 예정인데 함께 가자는 것이었다. 대답하는 데 0.1초도 안 걸렸다. 그 자리에서 'Sure!'라고 외쳤다. 지구를 대표하는 우주생물학자 23명이 참석하는 과학 탐사라니! 그러고 나서도 한참을 내게 탐사 지역이 나온 지도를 보여주며 상세히 설명해줬다.

이들이 탐사하는 목적은 지구의 기원에 대한 여러 가지 가설을 검증하기 위해서다. 과학은 끊임없는 가설과 검증의 반복이라는 말처럼, 지구 초기 생명체가 탄생하고 번성할 때까지 지구에 무슨 일이 있었는지 그 흔적을 찾는 과정의 반복이다. 그가 설명하는 지질학 전문용어는 잘 이해되지 않았지만 그가 말하는 지명은 모두 다큐멘터리와 책에서 수십 번 봐서 익숙한 지역이었다.

열흘 후 짐을 꾸려 서호주지질조사국 옆 주차장에 가자

놀랍게도 인디아나 존스 같은 옷차림의 과학자 23명이 웃는 모습으로 서 있었다. 아시아인은 나 혼자라서 잠시 위축되기도 했지만 이내 크라넨동크 박사 얼굴이 보이자 마음이 한결 편해졌다. 참석한 과학자들은 호주, 미국, 독일, 영국, 캐나다 등지에서 모인 우주생물학자, 지리화학자, 고생물학자, 층서학자로 구성돼 있었다. 국적은 달랐지만 대부분 나사 우주생물학연구소와 존슨스페이스센터에 소속된 과학자였다. 잠시 후 탐사 팀이 타고 갈 차량 두 대가 도착했다. 굉음을 내며 도착한 차량을 모두 신기한 듯 바라봤다. 한 대는 8톤 트럭을 버스로 개조한 25인승 특수차량으로, 열흘 치 식량과 캠핑 장비, 탐사 장비가 실려 있었다. 다른 한 대는 방향을 안내해 주는 4륜구동 도요타 랜드크루즈 구형으로, 오지에서 필요한 위성통신 장비, 지도 등이 장착돼 있었다.

미생물계의 영웅, 시아노박테리아

우주생물학자들의 첫 번째 목적지는 서호주의 관문도시 퍼스에서 북쪽으로 1000킬로미터 떨어진 곳에 있는 샤크만의 카블라포인트다. 일명 바위침대라고 불리는 스트로마톨라이트 군락이 있는 인도양의 외딴 해안가다. 이곳은 연구를 위해 과학자만 출입이 허가된 지역이다. 일반인이 스트로마톨라이트를 볼 수 있는 곳은 이 해변에서 50킬로미터 떨어진 헤멀린 풀이다.

스트로마톨라이트는 쉽게 말하면 숨 쉬는 바위다. 지구의

나이를 46억 년으로 보면, 초기 10억 년 동안은 지구 대기에 산소가 존재하지 않았다. 질소와 이산화탄소로 가득해 생명체가 살 수 없는 환경이었다. 최초로 광합성 메커니즘을 채택한 시아노박테리아라는 미생물이 태양에너지를 이용해 광합성하는 과정에서 부산물로 산소가 만들어져 비로소 대기 중의 산소 농도가 점차 증가하기 시작했다. 시아노박테리아가 광합성을 할 때 분비되는 점액질에 바다 속 부유물이 달라붙어 층층이 쌓여서 오늘날 이런 버섯 모양의 퇴적암 구조가 만들어졌다.

시아노박테리아가 산소를 배출했다고 해서 처음부터 지구 대기의 산소 농도가 갑자기 증가한 건 아니다. 초기 10억 년 동안은 바다 속에 있는 철이온과 결합해 산화철(녹)이 돼서 바다 속에 층층이 쌓였다. 바다 속 산화철이 모두 산화된 시점에서 비로소 대기 중 산소 농도가 조금씩 증가하기 시작했다.

5억 6000만 년 무렵 생명체가 살 수 있는 수준의 산소가 대기 중에 존재했고, 산소를 이용해 대사를 하는 생명체가 폭발적으로 증가한다. 선캄브리아기 대폭발이 바로 이 시점이다. 이때부터 본격적으로 복잡한 고등 생명체가 등장한다. 더불어 육상에 있는 식물들이 광합성 대열에 합류했고, 현재 생명체가 살 수 있는 21퍼센트 산소 농도까지 이르게 된 것이다. 이런 이유 때문에 시아노박테리아는 초기 생명체에 대한 고생물학 연구에서 가장 중요한 존재로 대우받고 있다.

시아노박테리아가 만든 산소로 인해 대기 중의 산소 농도가 증가하기 시작했고, 이들이 성층권으로 올라가 오존층의 주요

카블라포인트 스트로마톨라이트

성분이 됐다. 오존층이 생긴 덕분에 태양으로부터 방출되는 강력한 자외선을 차단하기 시작했고, 오늘날 지구에 사는 거의 모든 생명체가 살 수 있는 보호막이 된 것이다. 이런 맥락에서 스트로마톨라이트를 바라보고 있자니 알 수 없는 감동이 밀려왔다. 나뿐만 아니라 우주생물학자들도 지구 생명체의 기원을 바라보며 감성에 젖는 듯 했다.

카블라 포인트 해변에 이틀간 머물며 탐사를 진행했는데, 첫날 물끄러미 해안만 바라보고 있는 과학자의 모습이 무척 이상했다. 연구할 준비는 하지 않고 노트에 끄적이기만 하고 있었다. 몇몇 과학자가 물 속 스트로마톨라이트에서 뿜어져 나오는 산소 기포의 실체를 보기 위해 스노클링을 하는 것 외에는 모두 조용히 주변을 사색하는 게 전부였다.

다음날 그들의 모습을 유심히 살펴보니 그 이유를 알 것 같았다. 우주생물학자들이 스트로마톨라이트를 보며 가장 많이 사용한 단어가 "How beautiful"과 "How amazing"이었다. 작가나 시인들과 탐사온 것 같은 착각이 들 정도였다. 그들의 모습을 보며 과학이란 것이 결국 이런 게 아닌가 라는 생각이 들었다. 호기심의 대상 혹은 자신이 연구할 대상에 대한 애정의 깊이만큼 그 분야에 완전히 몰입할 수 있는 게 아닐까.

현재 지구상에서 살아 있는 스트로마톨라이트를 볼 수 있는 곳은 샤크만과 바하마 제도뿐이다. 바하마 제도는 수심이 깊어 관찰이 어려운 반면 샤크만은 바닷물이 유입되는 입구가 좁아서 먼 바다보다 바닷물의 염도가 두 배 이상 높고 물고기나

해조류를 찾아보기 힘들다. 시아노박테리아의 천적이 없는 독특한 환경 덕분에 스트로마톨라이트가 수십억 년 동안 그 모습을 보존할 수 있었다.

영국 런던자연사박물관의 고생물학자 리처드 포티Richard Fortey는 저서인 «지구의 역사»에서 "스트로마톨라이트의 기원을 추적하는 것이야말로 진정한 시간여행"이라고 비유했다. 호주에만 15개의 세계자연문화유산이 있다. 그중에서 이곳 샤크만의 스트로마톨라이트가 가장 먼저 선정됐다고 하니 호주를 넘어 전 지구적 관점에서 그 가치를 보호받고 있다는 생각이 들었다. 이 황량한 해안에 얼마나 많은 시간이 묻혀 있는 것일까.

낮에 연구를 수행한 과학자들은 해변에서 10킬로미터 정도 떨어진 카블라 스테이션이라는 농장에서 캠핑을 했다. 이곳은 200년 전 인도양을 건너 호주와 해상교역을 하던 노르웨이 선원들이 숙소로 사용하던 아웃백의 농장이다. 지금은 양을 키우는 목장의 카우보이들이 숙소로 쓰며, 농장주인 부부가 카블라 포인트 해변의 스트로마톨라이트 군락을 관리하고 있다.

특수차량을 운전하는 가이드가 대부분의 일을 도맡아 하지만 식사 준비는 탐사에 참가한 모든 과학자가 함께 준비한다. 워낙 물이 귀하고 냉장 보관이 어렵기 때문에 주로 건조한 식재료를 많이 먹는다. 카레나 파스타 같은 요리와 밥을 곁들여 먹는 경우가 많다. 식사를 마치면 부엌 앞에 모닥불을 켜고 늦은 밤까지 이야기를 나눈다. 생물학과 지리학을 기반에 둔 학자들이지만 야외 조사를 많이 다녀서인지 모두 천문학에

조회가 깊다. 밤마다 쏟아지는 남반구의 은하수 아래서 과학자와 나누는 별 이야기는 또 다른 재미다.

역사적인 아폴로 프로젝트의 현장

현생 스트로마톨라이트 탐사를 마친 우주생물학 탐사팀은 앞서 말한 지구상에서 화성과 가장 비슷한 지형 구조를 가진 필바라 지역으로 이동했다. 필바라 초입에 있는 덕크릭이란 곳이 다음 목적지다. 탐사 차량이 내륙으로 방향을 선회하자 산화된 붉은 땅과 봉우리가 평평한 탁상지가 등장한다. 포장된 도로만 없다면 마치 화성에 왔다고 해도 믿을 법한 풍경이다.

필바라 내륙을 탐사하는 이유는 그곳이 수십억 년 전 스트로마톨라이트가 서식하던 얕은 해안가이기 때문이다. 오래전에 이곳에 스트로마톨라이트가 살았다면 그 흔적인 화석이 증거로 남아 있을 것이고, 그 화석 속에 새겨진 미생물을 관찰하면 지구상에서 언제 생명체가 출현했는지 알 수 있기 때문이다.

덕크릭으로 이동하는 중간에 카나본이라는 작은 도시를 지났다. 탐사 차량이 주유를 하는 동안 과학자들과 카나본 우주위치추적소(Space tracking station)를 잠시 방문했다. 이곳은 미국의 우주개발 초기 시절 진행된 제미니와 아폴로 프로젝트의 하나로 발사된 위성들이 남반구 하늘을 지날 때 위치를 추적하던 장소다. 미국과 호주의 우주개발 초기의 역사를 엿볼 수 있는 유서 깊은 장소다.

카나본은 원래 호주 최대의 바나나 산지로 유명한 도시다. 바나나 농사로 생계를 유지하던 카나본은 1960년대 초반 우주위치추적소가 들어오면서 전 세계적으로 유명세를 탄다. 많은 나사 과학자들이 카나본으로 이주해 터전을 잡고 인류 최초의 달 착륙이라는 역사적 사건과 맞물린 덕분에 전 세계의 이목을 집중시켰다. 1970년대 아폴로 계획이 종료되면서 보안상의 문제로 위성추적 장비와 연구동을 모두 철수했다. 지금은 위성추적 안테나가 있던 곳에서 5킬로미터 떨어진 곳에 OTC라는 낡은 전파안테나와 우주박물관이 남아 있다.

OTC 안테나는 호주 최초로 위성방송의 중계를 담당했다. 지금은 GPS 수신기로 사용되고 있지만 아폴로 위성의 위치 좌표를 휴스턴으로 중계해 준 역사적인 안테나다. 박물관을 관리하는 필요드 관장의 도움으로 OTC 안테나 내부로 들어갔다. 굳게 잠긴 철문이 열리자 케케묵은 냄새와 함께 그 시절, 과학자들의 환호성이 들리는 듯 했다. 유독 눈에 띈 것은 철문 정면에 보이는 우주 그림이었다. 당시 과학자들이 우주의 모습을 상상해서 그린 상상화다. 우주복을 입은 우주인이 토성의 얼음 띠를 잡고 있고, 그 옆으로 창백한 푸른 점 지구의 모습도 보인다. 상상화라고 하기엔 지금의 우주 모습과 크게 다르지 않아 모두 감탄했다. 이처럼 우주라는 대상은 오래 전부터 인간의 본질적인 호기심을 자극하던 대상인 듯하다.

안테나의 내부 모습을 보고 옆에 있는 낡은 창고로 이동했다. 녹이 슬어 잘 열리지 않는 문을 열자 그 당시 사용한 우주통신

장비들이 산더미처럼 쌓여 있는 것이 눈에 들어왔다. 우주인의 건강상태를 체크해주던 콘솔 장비, 달에서 송신받은 기록을 저장하던 디스크 장치까지 박물관에서나 봄짓한 우주개발 초기장비가 가득했다.

아폴로 프로젝트가 종료된 지 50년이란 시간이 지났지만 서호주 사막에선 아직도 우주에 대한 탐구가 계속 진행되고 있다. 천문학의 역사에서 가장 큰 규모로 진행되는 SKA(Square Kilometer Array) 프로젝트다. 서호주 사막에 전파망원경 3000대를 세운 뒤 이를 모두 연결해 하나의 거대한 전파망원경으로 만들어 미지의 영역인 암흑 물질을 연구한다. 남아프리카와 공동으로 진행되는 이 프로젝트가 완공되면 우리가 현재 4퍼센트밖에 알지 못하는 암흑 영역의 존재를 조금 더 알 수 있지 않을까.

또한 미국을 비롯한 유럽, 중국, 일본이 세운 자국 위성 위치추적소가 서호주 사막을 중심으로 곳곳에 세워져 있다. 외부 잡음에 신경을 덜 쓸 수 있어서 사막 한가운데 위성 안테나를 지속적으로 세우고 있다. 우리나라의 위성추적소도 서호주 제2의 도시인 제럴턴 부근에 있다.

초기 지구 생명체의 기억, 필바라

위치추적소를 둘러보고 다시 덕크릭으로 출발했다. 카블라 스테이션에서 600킬로미터를 달려 덕크릭에 도착했다. 마지막 50킬로미터 구간은 오프로드 구간을 달려야 한다. 특수차량의 성능이 좋아 별 무리 없이 덕크릭 부근에 도착했다.

탐사대장인 크라넨동크 박사의 간단한 설명이 끝나자 너나할 것 없이 우주생물학자들이 뛰기 시작했다. 영문도 모른 채 나도 덩달아 뛰었다. 10여 분 정도 뛰어 도착하니 자료집에서 봤던 덕크릭 노두(기반암 또는 지층 내부 광맥이 지표면에 드러난 것)가 눈에 들어왔다. 캐나다에서 온 스테판 박사에게 과학자들이 뛰어간 이유를 물어보니 먼저 좋은 샘플을 채집하기 위해서라는 게 아닌가. 과학자가 연구할 재료는 좋은 샘플과 사진뿐이니 그 험한 길을 뛰어서 이동한 게 이해가 됐다.

그렇게 장난기 많고 유머가 많던 과학자들이 덕크릭에 도착하자 눈빛이 달라졌다. 미생물 화석을 좀 더 가까이 보기 위해 노두에 드러눕는 것은 예사고, 어느새 아슬아슬한 절벽 노두 위에 올라선 과학자도 있었다. 저마다 확대경을 꺼내 노두의 미생물 흔적을 관찰했다.

덕크릭의 스트로마톨라이트 화석

필바라 노두에 대해서 최고 전문가인 크라넨동크 박사 주변에는 그의 설명을 토씨 하나 놓치지 않으려는 과학자들로 북적였다. 우주생물학자가 아닌 내가 보기에도 샤크만에서 봤던 스트로마톨라이트 모양의 화석 무늬들이 덕크릭 절벽 노두를 도배하고 있었다. 알 수 없는 벅참과 신비함이 몰려왔다. '나는 지금 수십억 년 전 바다 속에 있는 거다. 지구가 생성되고 10억 년밖에 되지 않았을 무렵 바다 속에 살며 산소를 뿜어대던 그들(시아노박테리아)과 함께 있다'고 생각하니 머리가 잠시 혼미해졌다. 아마 과학자들도 마찬가지였을 것이다. 해안에서 봤던 것과 사뭇 다른 모습이 인상적이었다.

잠시 후 크라넨동크 박사가 좀 더 큰 절벽 노두로 이동하자고 했다. 샘플링을 하고 있는 몇 명을 빼고 모두 2킬로미터 정도 떨어진 절벽 노두로 갔다. 어림잡아 수직 벽의 높이가 70~80미터는 될 것 같은 노두를 가까이에서 보니

필바라 지층 설명중인 크라넨동크 박사

온통 다양한 형태의 스트로마톨라이트 무늬로 뒤덮여 있다. 스트로마톨라이트는 샤크만 해안에 있던 돔 구조가 기본적인 형태지만 형성 과정에 따라 그 형태가 뿔형, 막대형 등 다양하다고 한다. 좀 더 선명한 무늬를 보기 위해 협곡에 고인 물을 떠다가 화석에 쌓인 붉은 먼지를 닦아내고 사진을 찍었다. 무늬도 놀라웠지만, 절벽의 층리 구조가 사선 구조였다. 지구가 지금의 모습을 갖추기까지 얼마나 역동적으로 변했는지를 보여주는 대목이다.

잠시 멀리감치 떨어져 우주생물학자들이 샘플링하는 장면을 지켜봤다. 머지않은 미래에 우주생물학자가 직접 화성에 가서 샘플링하고 있을 모습도 상상했다. 실제로 이 절벽 노두는 화성에 있는 빅토리아 분화구의 절벽 노두와 지형이 비슷해 우주생물학자에게 더 주목받고 있다. 고요하던 덕크릭 주변에 두어 시간 가량 샘플링할 때 사용하는 지질망치의 청명한 소리가 울려 퍼졌다.

과학자들이 막바지 탐사를 하는 동안 탐사 차량 운전수인 프레클이 절벽 부근의 평지에 베이스캠프를 꾸렸다. 주변은 35억 년에 살았던 미생물의 흔적이 널려 있고, 바닥은 철광석으로 뒤덮인 원시지구의 해저면인 땅에서 캠핑할 생각을 하니 쉽게 잠들기 어려울 것 같았다. 특히 이날 밤은 본격적인 내륙 탐사가 시작된 날을 기념해서 간단한 파티가 벌어졌다. 각자의 연구 분야뿐만 아니라 왜 과학을 좋아하게 됐고, 우주생물학자가 됐는지까지 진실게임에 가까울 정도로 진솔한 이야기가 쏟아져 나왔다. 이날의 분위기를 한 마디로 표현하자면 '과학은 로맨스다'였다. 유일한 비과학자이자 아시아인인 내게도 특별한 날이었다. 탐사 초반 의사소통이 원활하지 않아 과학자 주변을 맴도는 느낌이 있었는데, 이날 모든 게 해소되는 기분이었다. 비슷한 또래의 과학자들과 늦은 밤까지 모닥불에 둘러앉아 얘기를 나눴다.

다음날 덕크릭에서 남쪽으로 8킬로미터 거리에 있는 해머즐리 산맥으로 이동했다. 약 28억 년 전에서 23억 년 전 사이에 퇴적된 두꺼운 지층이 쌓인 곳으로, 변성도가 낮아 원시지구의 표층 환경이나 생명체 화석의 탐사가 활발하게 이뤄지고 있다. 1시간 정도 길을 만들어 가며 차로 이동한 뒤 다시 트레킹을 시작했다.

고대 암석이 지표면에 드러나 있는 호주 아웃백은 정말 독특한 곳이다. 주변에 온통 스피니펙스Spinifex라는 반구 모양의 가시덤불로 된 식물이 천지였다. 열기에 노출될수록 더 자라는 특성 때문에 어딜 가든 탐사대의 걸음걸이를 방해했다. 특히 이곳은 지형 변화가 거의 없는 곳이기 때문에 이정표 역할을 할 랜드 마크가 거의 없다. 수차례 먼저 이동한 일행이 엉뚱한 길로 가는 걸 크라넨동크 박사가 소리쳐서 잡아주곤 했다. 만약 혼자 이곳에 표류했다면 100퍼센트 조난당할 거라는 확신이 들었다. 크라넨동크 박사는 "이곳이 정말 경이로운 이유는 생명에 관한 가장 오래된 증거가 담겨 있기 때문"이라며 "저 산맥이 우리의 까마득한 조상"이라고 설명했다. 최초의 생명이 어떻게 탄생했는지 그 누구도 모르지만 이 놀라운 화석들은

지구 생성 직후에 만들어졌다. 공룡보다 15배 오래됐으며, 화석을 만든 박테리아는 지구가 만들어지고 난 뒤 불과 10억 년 후에 이곳에서 살았던 것이다.

사라진 산소의 비밀, 카리지니국립공원

덕크릭 지역에서 이틀간 탐사를 마치고 다음 목적지인 카리지니국립공원으로 이동했다. 카리지니국립공원은 24억 년 전부터 19억 년 사이에 사라진 산소의 비밀을 풀기 위한 최적의 장소다. 충청북도 크기의 국립공원답게 초입부터 웅장한 규모를 자랑한다. 좌우로 해머즐리 산맥이 길게 탐사대를 맞이했고, 그 어느 지역보다 산화된 붉은 길이 많아 차량이 지나갈 때마다 붉은 먼지폭풍이 일었다. 더불어 흰백의 유칼립투스 나무가 온통 국립공원을 뒤덮고 있다. 아무리 성능 좋은 카메라로 이 풍경을 담아낸다 하더라도 실체의 반도 못 담을 것 같다.

붉은 먼지를 일으키며 3시간을 달려 카리지니국립공원의 옥서 전망대에 도착했다. 호주에서 가장 큰 협곡 네 곳이 마주하고 있고, 시아노박테리아가 만든 산소와 결합해 산화된 산화철이 쌓여 만들어진 협곡을 볼 수 있는, 지구 역사의 중요한 한 부분을 차지하고 있는 곳이다. 전망대 아래로 150미터 깊이의 협곡과 푸른 물웅덩이가 시야에 들어왔다. 쉽게 말해 융기된 지구의 속살 '지각'을 보고 있는 셈이다.

크라넨동크 박사의 안내를 받으며 협곡 네 곳 가운데 가장

카리지니국립공원 조프리 협곡의 호상철광층

큰 조프리 협곡으로 내려갔다. 협곡으로 내려가는 길은 사다리가 따로 없었다. 수평으로 떡시루처럼 쌓인 호상철광층이 사다리를 대신해줬다. 주변에 있는 돌을 주워 철광층을 때려보니 쇠끼리 부딪칠 때 나는 쇳소리가 협곡에 울려 퍼졌다. 어림잡아 풍화작용으로 드러난 두께 3~4센티미터의 호상철광층 판이 족히 수천 년은 됐을 것이다. 한 층 한 층 내려갈 때마다 수십억 년 전 지구의 시간을 거슬러 올라가는 기분이 들었다.

바닥에 도착하니 서호주대학의 우주생물학자 마크 베일리 교수가 사라진 산소의 비밀에 대해 설명해줬다. 그는 워싱턴대학의 로저 뷰익 교수와 함께 필바라 지역에서 드릴링 프로젝트를 주도한 우주생물학자다. 앞서 화성탐사 로봇 큐리오시티가 화성에서 드릴 작업을 시작했다고 얘기했는데 지구에서 큐리오시티의 드릴링 작업을 시작한 게 마크 베일리라고 보면 된다.

지구의 역사를 살펴보면 산소의 대량 멸종 시기가 찾아오는데 그게 24억~19억 년 사이이다. 당시 생성된 산소가 바다 속에 있는 철이온과 결합하면서 산화돼 해저면에 층층이 쌓였고, 바다 속에 있던 철이온을 전부 산화시킨 다음 비로소 대기 중으로 산소가 방출됐다고 했다. 그때 해저면에 쌓인 철층리 구조의 속살이 바로 이 현장이라는 얘기다. 실제로 이 협곡의 층리 구조를 분석해 보면 대기 중보다 산소 함유량이 20배 이상 높은 것을 알 수 있다. 이렇게 수십억 년 전 미생물의 광합성 작용에 의한 현상 덕분에 우리가 철이라는 재료를 사용할 수 있게 됐다.

카리지니국립공원 부근에는 세계적인 노천 철광석 광산 수십

곳이 모여 있다. 이곳에서 채굴된 철광석은 200량이 넘는 기차에 적재돼 300킬로미터 이상 떨어진 해안부두로 이송돼 컨테이너선에 적재된다. 탐사를 하다보면 사막 한가운데서 철길 건널목을 만나는데, 운이 좋으면 철광석을 수송하는 기차를 만나기도 한다. 이국적인 풍경을 보는 대신 10분 이상 철길에 대기해야 하는 수고로움은 감내해야 한다. 국내 최대 규모의 철강회사인 포항제철도 이곳 필바라 노천 철광석 광산에서 60퍼센트 이상의 철광석을 수입해 제련과정을 거쳐 철을 생산하고 있다.

'초기 지구로 가는 길'

이제 마지막 탐사지역인 마블바 지역으로 이동한다. 탐사의 전반부가 필바라였다면, 후반부는 마블바의 노스폴 지역이 대미를 장식한다. 200가구 남짓 사는 마블바 타운을 제외하면 사방이 가시덤불 스피니펙스로 덮여 있는 노스폴의 언덕은 초기 지구가 남긴 특별한 유물을 간직한 곳이다. 바로 화산암과 퇴적암으로 된 와라우나 지층이다. 와라우나 층군은 거의 35억 년 전에 형성된 지형으로 지각 변동을 교묘히 피해간 덕분에 암석이 거의 변화가 없는 상태로 보존돼 있다. 이 덕분에 초기 지구의 생명과 환경에 대한 가장 오래된 증거로 남아 있다. «생명 최초의 30억 년»의 저자인 하버드대학 고생물학자 앤드류 놀Andrew Knoll의 말을 빌리자면 "여기가 바로 우리가 생명의 시작은 언제인가, 라는 질문을 던질 장소"다.

카리지니국립공원을 감싸고 있는 웅장한 해머즐리 산맥을 지나 동북쪽으로 200킬로미터 정도를 달리다 보면 마블바라고 적힌 작은 사인이 보인다. 이때부터 다시 붉은 먼지와 사투를 벌인다. 필바라의 웅장함은 온데간데없고, 풍화된 화강암 돌무더기가 탑처럼 쌓여 있는 진풍경이 펼쳐진다. 이 지역에 거주하는 호주 원주민 애보리진Aborigine의 설화를 보니, 거인의 공기돌이라고 불렸다. 커다란 화강암 돌덩어리를 탑처럼 쌓을 수 있는 건 거인밖에 없다고 생각했을 것이다.

25억 년 전 풍경에 길들여진 탐사팀의 눈이 35억 년 전 풍경에 적응이라도 하듯이 과학자들은 모두 창밖을 응시하고 있다. 비포장 구간을 달리는 덜컹거리는 차 안에서 이런 생각이 들었다. 얼마나 많은 과학자가 생명의 기원을 추적하기 위해 같은 길을 달렸을까? 크라넨동크 박사에게 물었더니 과학자 사이에서 이 길이 '초기 지구로 가는 길(trail of early earth)'로 불린다고 한다.

크라넨동크박사 노스폴 스트로마톨라이트 설명

간혹 우리의 등장을 방해하는 불청객이 나타났다. 야생소인데, 문제는 차량을 봐도 비키지 않는다는 점이다. 왜 그럴까 곰곰이 생각하니, 이 소들은 인간을 자주 접할 기회가 없다보니 인간을 두려워하지 않는 눈치였다. 늘 자신들이 다니는 길에 이상한 동물이 가로막느냐는 식의 눈빛으로 우리를 응시했다. 실제로 이 지역의 주인은 그들일 것이다. 그들에겐 오히려 인간이 외계생명체로 비춰졌을 것이다. 먼 훗날 우리가 외계생명체와 마주한다면 비슷한 상황이 벌어지지 않을까. 서로에 대한 정보가 전혀 없는 두 생명체의 조우. 상상만 해도 흥미롭고 아찔하다.

해질 무렵 마블바 타운에 있는 캠프장에 도착한 탐사팀은 모처럼 문명의 이기를 접했다. 거의 일주일 만에 뜨거운 물로 샤워하고, 그간 수집한 암석 샘플을 정리하느라 좀처럼 잠들지 못했다. 어쩌면 필바라 한복판의 어둠이 그리워서인지도

노스폴 스트로마톨라이트 화석

모르겠다. 여느 때처럼 스웨그(매트리스가 달린 침낭)를 덮고 유칼립투스 나무 아래서 잠을 청했다.

다음 날 아침 첫 탐사지인 마블바 풀pool에 도착하자 크라넨동크 박사의 브리핑이 시작됐다. 와라우나 층군의 처트 층을 볼 수 있는 곳으로, 붉은 색 띠와 흰 띠가 해저에서 퇴적된 층리 구조가 있는 노두다. 약 30년 전 이 노두의 단단한 처트 층에서 박테리아 미세 구조가 발견돼 전 세계 우주생물학자의 주목을 받은 곳이기도 하다. 이 미세구조를 시아노박테리아 같은 미생물로 보는 견해도 있지만, 심해 열수층에서 화학합성으로 성장한 미생물의 결정으로 봐야 한다는 의견도 있다. 크라넨동크 박사의 연구에 따르면 이 지역의 처트 층이 와라우나의 해저면이 아니라 해저보다 아래에서 형성됐다는 증거를 밝혀내 화학합성 미생물이라는 가설에 좀 더 힘을 실어주고 있다.

붉은 색과 흰색이 겹쳐 보이는 패턴이 소고기 마블링을 닮아 마블바라고 하는 줄 알았지만, 마을 주민들이 처음 이 노두를 발견하고 대리석(marble)인 줄 착각해서 마블바 바위라고 이름을 지었다고 한다. 세계에서 거의 유일하게 발견된 해양성 퇴적층으로, 연구 목적을 위한 샘플 채집도 금지된 지역이다.

뒤이어 가장 오래된 생명체의 흔적을 보게 될 노스폴 지역으로 이동했다. 노스폴의 노두는 현재 호주우주생물학센터 소장인 말콤 월터 박사와 워싱턴 대학의 로저 뷰익 교수가 30년 전 와라우나 층군에서 스트로마톨라이트 화석을 발견하면서부터 고생물학계의 관심을 한몸에 받았다. 하지만 이 화석은 논쟁의 중심에 서게 된다.

이 지역의 스트로마톨라이트 형태의 구조를 만드는 데 시아노박테리아 같은 미생물이 관여했는지에 대한 증거가 없기 때문이다. 다만 크라넨동크 박사의 스승인 서호주지질조사소의 케시 그레이 박사가 와라우나 층군에서 생물에 의해 만들어진 구조를 뒷받침할 증거를 발견했다. 얇은 판형결정의 침전에 따라 한 층씩 쌓여서 생긴 원뿔 모양의 화석이다. 이런 모양은 미생물이 없는 해저에서 좀처럼 만들어지지 않는 구조다. 그렇다고 시아노박테리아가 원뿔 모양 구조를 만든 장본인이라고 확정지을 수는 없다. 여전히 미궁 속을 헤매는 중이다.

가장 오래된 생명체의 흔적을 만나러 가는 길의 강도는 상상을 초월했다. 이정표도, 차량이 다닌 흔적도 전혀 없다. 노스폴 노두를 안내할 수 있는 사람은 지구상에 세 명뿐이다. 안내를 맡은 크라넨동크 박사도 번번이 방향을 잘못 잡아 핸들을 이리저리 돌렸다. 땅 위로 길을 만들어서 간다는 표현이 적합한 풍경의 연속이었다. 특수차량의 이동을 막는 유칼립투스 나뭇가지를 자르고 풍화로 끊어진 길을 수 킬로미터 돌아서 지나기를 반복하자 강바닥을 드러낸 나무숲이 보였다. 차량 속에서 환호성이 터져 나왔다.

폭이 300미터는 족히 돼 보이는 강이 바닥을 들어냈고, 그 위로 캥거루와 낙타 발자국이 선명하게 찍혀 있다. 노스폴의 풍경을 보고 이구동성 과학자들이 내뱉은 말은 '지구가 아닌 것 같다'였다. 차량에서 내려 스트로마톨라이트 화석이 있는 노두로 이동할수록 점점 더 색다른 풍경이 펼쳐졌다. 목적지에 이르자

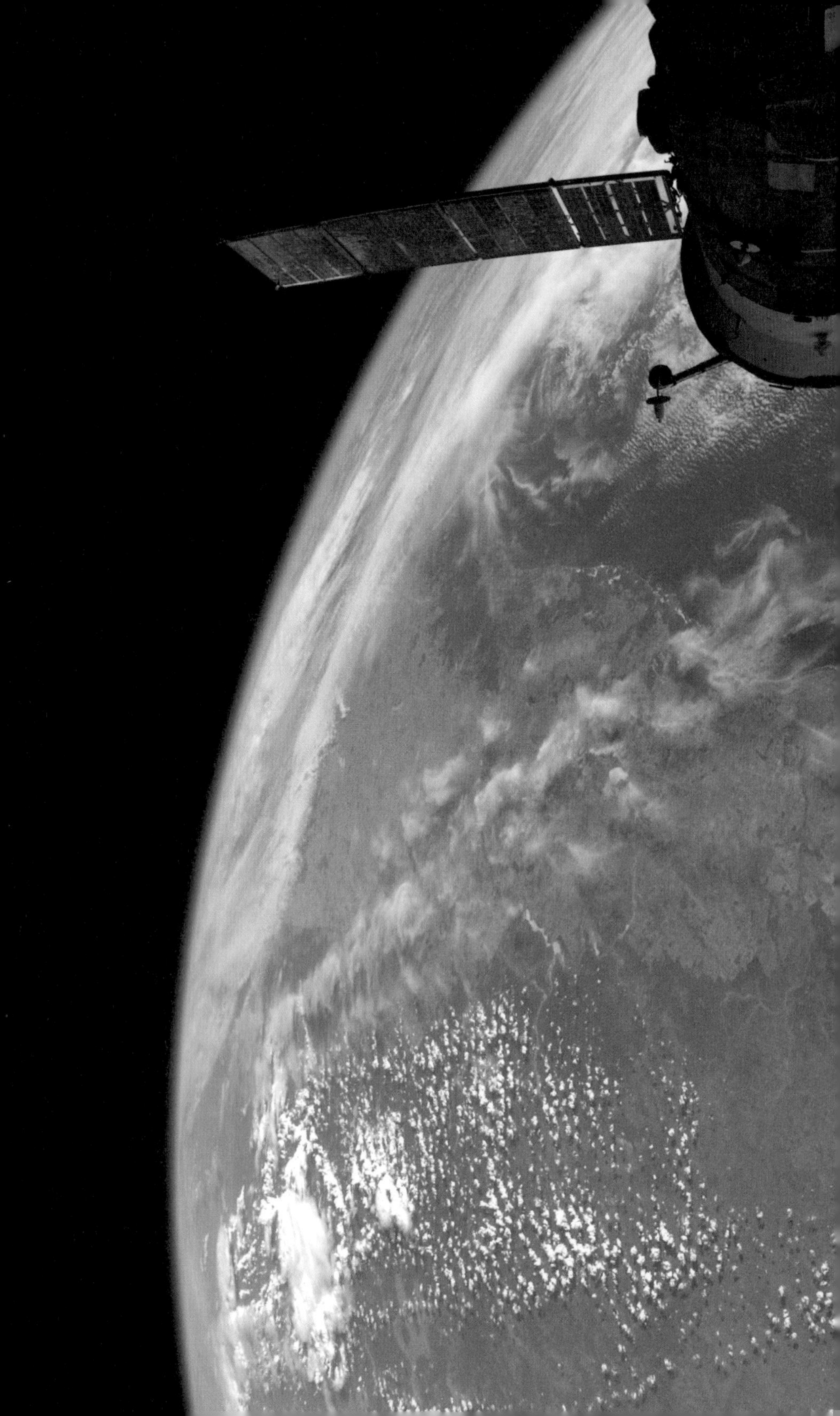

ISS에서 찍은 서호주
출처: NASA JET PROPULSION LABORATORY

노라 노프케 박사가 내 어깨를 치며 화성에 가본 적이 있냐고 물었다. 장난인 것 같아 'YES!'라고 외치자 그녀가 말한다. "여기가 화성이야."

모두 붉은 산화철로 덮힌 노스폴 언덕을 바라봤다. 그녀의 말이 이해가 됐다. 화성과 다른 점이라곤 땅위에 사는 선인장 몇 그루와 파란 대기뿐이었다. 태양계의 행성은 대부분 500억 년 ~ 45억 년 전에 형성됐다. 화성에 가보진 않았지만, 대기 중에 산소가 없던 초기 지구의 모습은 지금의 화성과 거의 흡사했을 것이다. 인류가 화성을 탐사하는 이유는 화성에 있었을지도 모르는 생명체를 찾는 게 목적이지만, 더불어 수십억 년 전 지구의 모습과 당시 환경을 이해하는 열쇠라는 생각이 들었다.

노스폴에서 탐사를 마친 후 다시 마블바로 돌아왔다. 각자 가방 한가득 수집한 암석 샘플을 자기 연구실로 보내는 작업을 했다. 아쉬움을 뒤로 한 채 한국으로 돌아온 지 일주일째, 낯익은 이름의 과학자로부터 메일이 도착했다. 탐사대원 중 가장 나이가 많은 나사 존슨우주센터의 지리화학자 주디스 앨턴이 모두에게 보낸 사진이 첨부돼 있었다. 파일을 열어보니 국제우주정거장(ISS) 창문에서 촬영한 서호주 샤크만의 모습이었다. 샤크만의 스트로마톨라이트가 우주생물학의 비밀을 푸는 중요한 열쇠라는 것을 암시하는 것 같았다.

"어디선가, 굉장한 어떤 것이 알려지길 기다리고 있다"

최근에 영화 ‹인터스텔라› 덕분에 우주에 대한 관심이 높아진 것 같다. 영화에는 지구와 유사한 행성을 찾아 과학자들이 탐사를 떠난다. 웜홀을 통한 행성 간 이동이 언제쯤 가능할지는 모르겠다. 이런 부분은 천체물리학자들이 노력할 것이다. 더불어 우주생물학자의 행성탐사 훈련도 꼭 필요한 시나리오일 것이다.

서호주 사막에서 몇 년 전에 진행된 또 다른 탐사가 있었다. 일명 '마스Mars 500'이란 프로젝트로, 유럽우주국과 러시아우주청이 공동으로 수행한 행성탐사 가상훈련이다. 화성에 가는 데 170일, 탐사활동 기간 160일, 지구로 복귀하는 데 170일로 가정하고 화성탐사 우주선과 동일한 밀폐환경을 만들어 500일 동안 생활하는 훈련이다. 그 마지막 단계로 화성에서 입을 우주복을 만들어 직접 비슷한 지형에서 실험해 보는 훈련이다.

이 탐사는 마블바에서 남쪽으로 150킬로미터 떨어진 눌라진이라는 조그마한 원주민 마을 부근에서 있었다. 낯선 우주복을 입은 이방인이 자기 마을에 나타나자 눌라진에 있는 원주민 아이들이 현장을 찾아왔다. 호기심이 발동한 아이들과 현장에 있던 과학자들이 어울려 진풍경을 만들어 냈다. 지구에서 가장 오래된 인류 중 하나인 애보리진과 지구에서 가장 오래된 생명체의 흔적을 찾는 과학자의 만남이 낯설어 보이지만은 않는다.

한창 훈련이 진행되던 중 한 꼬마가 우주복을 입은 과학자에게 "지금 무엇을 하는 중이냐"고 물었다. 과학자가 어떤 반응을 보일까 무척 궁금했다. 잠시 후 과학자가 훈련을 멈추더니

아이에게 과학자들이 이곳에 온 이유를 설명했다. 동시에 우주복 훈련을 지원하던 10여 명의 스텝도 움직임을 멈췄다. 아이의 질문에 대답하기 위해 열 명이 넘는 과학자가 훈련을 멈춘 셈이다. 아이는 과학자의 대답을 반도 이해하지 못한 표정이었다. 하지만 그는 멈추지 않고 밝은 표정으로 그 아이에게 설명했다. 당시 주변에 있던 과학자들이 흐뭇하게 그 광경을 지켜보고 있었다. 어찌 보면 과학이라는 것이 아이의 호기심을 수천 명의 과학자가 천문학적인 비용을 들여서 해결하고 있는 건 아닐까. 아이들의 호기심 어린 질문이 없었다면 과학뿐 아니라 그 어떤 학문도 발전하지 못했을 것이다.

천문학자 칼 세이건은 이렇게 말했다.

"어디선가, 굉장한 어떤 것이 알려지길 기다리고 있다."

이 말을 듣고 과학자의 길을 선택했다는 지인들을 많이 봤다. 우주생물학 분야를 넘어서 인류 모두에게 해당하는 말이 아닐까. 여러분 각자의 자리에서 계속 호기심을 잃지 말기 바란다. 분명 어디선가 굉장한 어떤 것이 여러분한테 알려지길 기다리고 있을 것이다.

극한생물, 지구 밖에서도 살 수 있을까

극지과학자 이유경

극한생물, 지구 밖에서도 살 수 있을까

이렇게 가혹한 곳에 생명이?

이런 동네로 이사 가면 어떨까? 밤만 되면 영하 80도까지 온도가 뚝 떨어지는 동네. 너무 건조해서 눈 씻고 찾아봐도 물 한 방울 찾을 수 없는 동네. 자외선과 각종 우주선이 강렬하게 내리쬐는 동네, 대기압이 너무 낮아서 물을 한 컵 떠놓으면 저절로 보글거리며 물이 다 날아가버리는 동네.

아마 이런 곳에서라면 사람이 맨몸으로 단 1분도 견디기 어려울 것이다. 이 동네는 어디? 바로 2030년 역사상 처음으로 사람이 직접 방문하기로 한 동네, 화성이다. 이런 화성의 참 모습을 알고 나면 대부분 이렇게 말할 것이다.

“아이고, 화성이 이렇게 끔찍한 곳이었다니. 역시 우리 지구가 살기 좋은 곳이야!"

정말 지구는 마냥 좋기만 한 곳일까? 우리 지구상에도 사람이 맨몸으로는 도저히 견딜 수 없는 곳, 극한 환경이 있다. 낮에는 강렬한 햇빛을 받아 40~50도까지 올라가다가 밤이 되면 영하 20도까지 뚝 떨어지는 사하라 사막, 온도가 영하 40~50도까지 내려가 입에서 나오는 수증기까지도 바로 얼어붙는 남극 대륙, 이런 사막과 극지는 물 한 방울 찾기 어려운 건조한 곳이기도 하다.

사람뿐만 아니라 생물에게 가혹한 환경은 지구 여기저기에서 찾을 수 있다. 사막 한가운데 덩그러니 놓여 있는 바위 속에는 아무것도 살 수 없을 것 같다. 햇빛도 들어가지 않는 땅 속 수백 미터 깊이의 광산에서 광물이 아닌 생물은 기대조차 할 수가 없다. 언제 폭발할지 모르는 화산 기슭에서 펄펄 끓어오르는 온천이나 1년 내내 영하의 온도인 영구동토층에서는 생물이 익어 버리거나 꽁꽁 얼어 죽을 것 같다. 강한 산성 용액이나 소금기가 많은 곳에도 왠지 생물이 살기는 힘들어 보인다.

하지만 이런 극한 환경에서도 우리는 종종 놀라운 생명체를 만나게 된다. 극한 환경에서 살아가는 이런 놀라운 생물을 우리는 극한생물(Extremophile)이라고 부른다. 극한생물에게는 자기가 살아가는 환경의 특징에 따라 다양한 이름이 있다. 높은 온도에서도 살아남는 생물은 호열성생물(thermophile), 추운 곳에서도 잘 견디는 생물은 저온생물(psychrophile), 산성 용액이나 염분이 높은 환경에서도 살아가는 생물은 호산성생물(acidophile)과 호염성생물(halophile), 높은 압력에서도 잘 자라는 생물을 호압생물(Piezophile)이라고 부른다. 이런 극한생물들은 과연 화성과 같은 지구 밖 다른 행성에서 살 수 있을까?

단 한 방울의 물만 있어도

외계생명체를 찾는 과학자들이 가장 중요하게 생각한 것은 물이었다. 그래서 한동안 우주생물학의 모토는 "물을 찾아라(Follow the water)"였다. 그런데 액체 상태의 물이 존재하려면 적당한 온도와 압력이 맞추어져야 한다. 온도가 너무 낮으면 얼음이 되고 너무 높으면 수증기가 되는데, 얼음이나 수증기는 생물이 사용하기 어렵기 때문이다. 물 분자가 서로 가깝게 만나 수소결합을 하도록 도와주는 것이 압력이기 때문에 압력이 낮아도 물 분자는 서로 떨어져 나가 기체가 된다. 그래서 물을 찾는 것은 우선 적당한 온도와 대기압을 가진 외계 행성을 찾는 것에서 시작한다.

세상에서 가장 긴 나라 칠레는 세상에서 가장 건조한 사막도 갖고 있다. 1년 내내 내린 빗물을 모두 모아도 겨우 1.5센티미터밖에 되지 않는 곳, 칠레 북쪽에 자리 잡은 아타카마Atacama 사막이다. 같은 사막이라도 강수량이 지역마다 조금씩 달라서 어떤 곳은 연 강수량이 1밀리미터이고, 심지어 어떤 곳은 기상관측소를 운영한 이후 단 한 번도 비를 받아 본 적이 없다.

이렇게 건조한 곳에 도대체 생물이 살 수 있을까?

과학자들은 아타카마 사막에서 특이한 돌을 발견했다. 돌 표면 바로 아래에 짙은 녹색의 띠가 있는 암염(halite)이었다. 이 띠를 현미경으로 자세히 살펴보니 이것은 광합성을 하는 박테리아인 남세균이 모여 사는 것이었다.[1] 모하비 사막에서도 희한한 돌이 발견되었다. 겉표면이 청록색과 붉은색으로 덮인 반투명의 암석이었는데, 이 돌의 표면 바로 아래에도 남세균이 살고 있었다.[2] 남극인데도 눈이 오지 않아서 빙하에 덮여 있지 않고 맨 땅이 드러나 있는, 세상에서 가장 건조한 지역 중의 하나인 남극의 드라이 밸리Dry Valley에서도 사암(sandstone) 표면에 지의류가 녹색과 청록색 띠를 만들고 있었다.[3]

돌은 미생물에게 사막의 오아시스 같은 곳이다. 바로 옆에 있는 흙에는 거의 미생물이 살지 못해도 그 위의 돌에서는 다양한 미생물이 나오곤 한다. 이처럼 돌이나 바위 안에 사는 미생물을 우리는 암석내생물(endolith)이라고 한다. 이것은 비교적 무르고 구멍이 많은 사암, 석회암, 석고에서 주로 많이 발견된다.

그렇다면 유기물이라고는 거의 찾아볼 수 없는 바위에서 암석내생물은 무엇을 먹고 살아갈까? 이들은 철, 칼륨, 황과 같은 미량원소를 먹고 살아간다. 암석내생물은 돌이나 바위에서 이런 미량원소를 직접 흡수하기도 하지만, 먼저 산을 분비해서 암석 속에 있는 이런 미량원소를 녹여낸 뒤 흡수하기도 한다. 암석은 물과 영양분이 적은 환경이기 때문에 암석내생물은 세포 분열을 천천히 한다. 그 대신 암석내생물은 대부분의 에너지를

1. Wierzchos et al. 2006
2. Bishop et al. 2011
3. Friedmann 1982

아타카마 사막 출처: 김현

우주선에 손상받은 세포를 치료하는 데 사용한다.

과학자들은 아타카마 사막을 '지구 속의 화성'으로 여기는 것 같다. 아타카마 사막에서 화성 탐사선을 테스트하기도 하고, ‹스페이스 오디세이Space Odyssey: Voyage to the Planets› 같은 다큐멘터리를 찍기도 한다. 나사NASA 과학자들은 화성에 착륙한 바이킹 1호와 2호가 사용하는 장비와 똑같은 장비로 아타카마 사막 토양을 분석하기도 했다. 아타카마 사막에서도 아주 건조한 융가이 지역에서는 미생물의 흔적을 찾지 못했다.[4] 아타카마 사막 융가이 지역 토양을 750도의 높은 온도에서 태운 뒤 가스크로마토그래피gas chromatography(혼합 기체인 시료를 액체나 고체로 채운 분리관 속으로 통과시켜 기체 시료 속의 각 성분을 분리하여 검출하거나 농도를 재는 분리 분석법)로 그 속에 들어 있는 물질을 분석했을 때 개미산(formic acid)과 벤젠 단 두 가지 유기물만 나온 것이다. 미생물이 사는 토양에서 수백 가지 다양한 물질이 나오는 것과 비교하면 아주 단순한 결과였다. 과학자들은 이런 데이터를 보고 이곳은 아마도 미생물조차 살지 못하는 곳일 것이라고 결론 내렸다.

토양 1그램을 배지에 접종했을 때 조금 덜 건조한 사막에서는 한 배지에서도 1000~1만 개의 미생물이 자란 반면, 아주 건조한 융가이 지역 토양에서는 100개나 되는 배지에서 자란 전체 미생물을 다 합쳐도 10개밖에 되지 않았다. 게다가 이 지역에서는 흙에서 직접 DNA를 뽑으려고 해도 DNA가 전혀 나오지 않았다. 참고로 어느 화단이나 길가의 아무 흙이든 단 0.1그램의 토양만 있어도 DNA는 아주 잘 뽑힌다. 과학자들은 이 10개의

4. Navarro-Gonzalez 등 2003

박테리아는 아마 실험 과정에서 어디선가 오염되어 자란 것이 아닐까 추정하고 있다.

게다가 융가이 지역 토양에 탄소동위원소를 처리한 ^{13}C-formate를 넣고 배양했을 때 동위원소가 들어 있는 이산화탄소($^{13}CO_2$)가 나오기는 했지만, 아미노산 L형태와 R 형태의 아미노산이 거의 같은 양으로 나왔다. 일반 생물이었다면 L형태의 아미노산만 나왔을 것이다. 하지만 L과 R 형태의 아미노산이 동일한 것으로 볼 때 이 아미노산은 생물에 의해 만들어졌다기보다는 자연 상태에서 화학적으로 생긴 것으로 보였다. 그래서 과학자들은 이 융가이 지역이 지구상에서 미생물이 살 수 있는 한계점이 아닐까 생각하고 있다. 다시 말하면 이 지역 말고는 지구의 어느 곳이든 미생물이 살 수 있다는 뜻이다. "아니 아무리 그래도 그렇지, 수백 미터 땅 속 깊은 곳까지 미생물이 살 수는 없지 않겠어?" 혹시라도 이렇게 생각하는

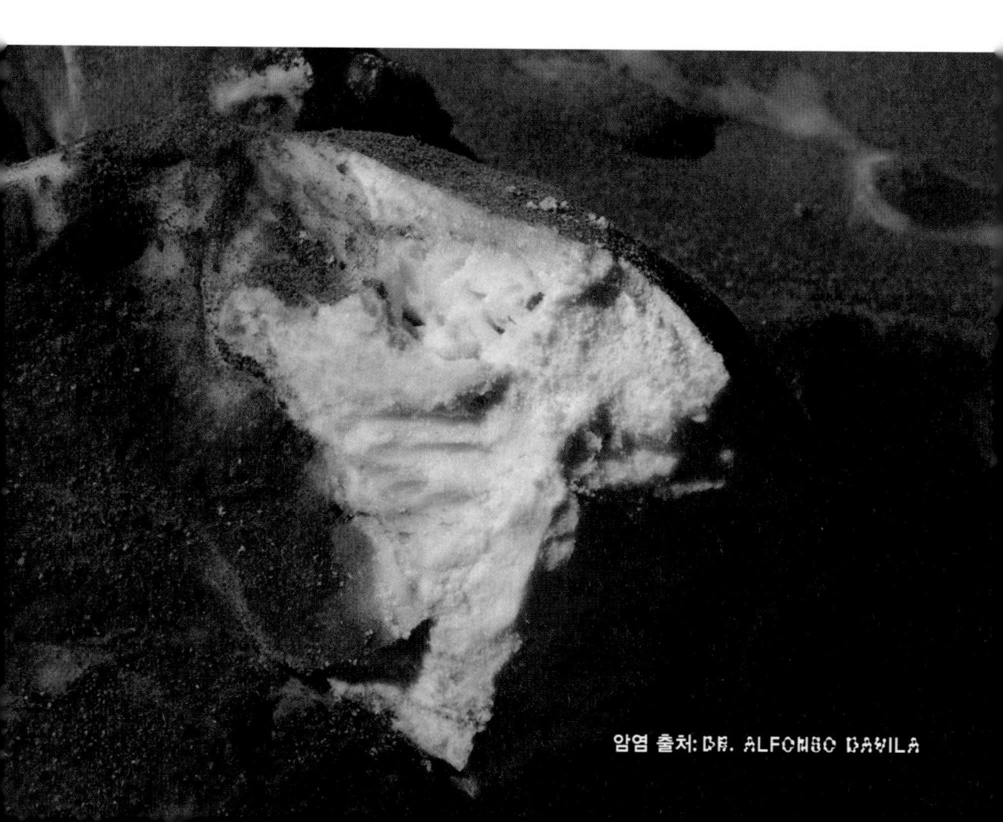
암염 출처: DR. ALFONSO DAVILA

사람들을 위해 지구의 남반구로 여행을 떠나보자.

땅 속 깊은 곳이라면

오스트레일리아 대륙의 5분의 1을 뒤덮는(170만 평방킬로미터) 거대한 곳에 대찬정분지(Great Artesian Basin, GAB)라고 불리는 지하수 지역이 있다. 잘 알다시피 땅속으로 들어가면 온도가 높아진다. 일제 징용으로 끌려가 군함도 탄광에서 일했던 우리 할아버지들이 견디기 힘들었던 것 중의 하나가 가만히 있어도 땀이 비 오듯이 쏟아지는 열기였다고 한다. 게다가 깊이 내려가면 갈수록 압력도 높아진다. 압력이나 온도도 문제가 되겠지만, 가장 생물이 살기에 장벽이 되는 것이 햇빛이 조금도 들어가지 않는다는 점이다. 알다시피 햇빛은 생태계에 에너지를 공급하는 근원이다. 광합성을 통해 햇빛을 타고 오는 빛에너지를 화학에너지로 바꾸어야 비로소 생물이 살아가는 데 필요한 에너지가 될 수 있다. 그런데 땅속에는 햇빛이 들어가지 않으니 생물이 살아가는 데 필요한 에너지가 차단되어 있는 셈이다.

과학자들은 이 대찬정분지의 940미터 깊이 땅속에서 퍼 올린 지하수에서 미생물을 발견했다. 지하수의 온도는 64도, pH는 8.0, 여기에서 박테리아와 고세균이 확인되었다. 여기서 나온 박테리아는 수소를 산화시키는 것과 황을 환원시키는 것이었고, 고세균은 수소나 아세트산을 이용해 메탄을 만들어 내는 생물로 메타노스피릴룸*Methanospirillum* 속과 메타노사이타*Methanosaeta*

속에 속하는 것이다. 햇빛이 전혀 들어가지 않는 이 지하수에서는 광합성 대신 화학적으로 합성해 생물이 살아가고 있었던 것이다. 고세균이 만든 메탄을 박테리아가 사용해서 에너지를 얻고, 수소와 황을 이용하는 박테리아는 이것들을 좀 더 복잡한 화학물질로 바꾸어서 이 생태계를 유지하는 생산자로 활동한다.[5]

땅 속 깊은 곳에서 생물은 햇빛이 없다는 것뿐만 아니라 높은 압력이라는 또 하나의 장벽을 극복해야만 한다. 높은 압력에서도 살 수 있는 생물을 호압생물(piezophile)이라고 한다. 호압생물은 땅속뿐만 아니라 깊은 바다 속에서도 발견되는데, 해저 퇴적물 속의 박테리아나 고세균은 380기압(38메가파스칼) 정도는 견디며 산다. 웬만한 호압생물은 1기압의 환경으로 옮겨와도 살아남는데, 압력이 낮아지면 살지 못하는 생물도 있다. 할로모나스 살라리아*Halomonas salaria*라는 생물은 1000기압(100메가파스칼)이나 되는 엄청난 압력이 있어야만 살 수 있다. 낮은 압력으로 옮기면 죽어버린다. 압력이 높아지면 세포막은 고체처럼 단단해진다. 그렇다면 이런 높은 기압에서 생물들은 물질대사는 하지 않고 휴면 상태로 지내는 것일까 아니면 물질대사를 하면서 '살아가는' 것일까? 과학자들이 슈와넬라 오네이덴시스*Shewanella oneidensis*를 1만 기압이 넘는(1060메가파스칼) 실험 장치에 넣었을 때, 놀랍게도 이 생물은 개미산을 빠른 속도로 산화시켰다.[6] 호압생물이 어떻게 높은 압력에서도 물질대사를 할 수 있는지를 알아내는 것은 여전히 과학자의 숙제다.

5. Kimura 등 2005
6. Sharma 등 2002

바다 속 깊은 곳이라도 괜찮아

최근 엔셀라두스Enceladus나 유로파Europa와 같은 위성에 사람들의 관심이 높아졌다. 두꺼운 얼음 밑에 바다가 존재하는 증거가 나오고 있기 때문이다. 깊은 바다 속 생물을 찾기 위해 먼저 지중해로 가 보자. 지중해 3258미터 깊이에는 산소가 없다. 게다가 여기는 진한 소금물이다. 웬만한 바닷물의 염도는 34~35퍼밀인데, 이곳은 염도는 무려 열 배나 진한 348퍼밀이나 된다. 물속 깊은 곳이니 압력은 말할 것도 없다. 이곳에서 그나마 괜찮은 조건은 온도로 약 15도 정도 된다. 어떤 생물이든 이곳에서는 3000미터나 쌓아 올린 물의 무게에 눌려서 숨도 쉬지 못할 것 같다. 산소마저 없으니 당연히 숨 쉬기 힘들 것이다. 하지만 이런 곳에도 RNA를 만들며 활발한 생명 활동을 하고 있는 곰팡이와 원생동물, 미세조류가 있다.[7]

과학자는 흙이나 바닷물, 해저퇴적물과 같은 환경 물질에서 직접 DNA를 뽑아 이곳에 사는 미생물의 종류를 확인한다. 하지만 환경에서 직접 DNA를 뽑는 것만으로는 그 생물들이 살아 있다고 단정 지을 수는 없다. 왜냐하면 죽은 생물의 DNA가 분해되지 않고 그대로 남아 있기도 하기 때문이다.

2007년 러시아 시베리아의 야말 지역에 있는 유리베이 강둑에서 거의 완벽하게 보존된 털이 많은 매머드(*Mammuthus primigenius*)가 발견되었다. 류바Lyuba라는 이름의 이 매머드는 태어난 지 한 달 정도된 암컷이고, 폐에서 진흙이 발견된 것으로 보아 아마도 깊은 진흙 수렁에 빠져 죽은 것으로 추정되었다.

7. Stock et al. 2012

류바는 뱃속에서 그가 살았을 때 먹은 엄마의 젖이 발견될 정도로 보전 상태가 좋았다. 매머드뿐만 아니라 북극 동토에서는 야생 소와 말 심지어 코뿔소까지 발굴된 적이 있다. 한마디로 이 동물들은 죽었지만 분해되지 않고 꽁꽁 얼어붙은 상태로 잘 보전되었던 것이다.

따라서 살아 있는 생물이 있는지를 확인하려면 몇 가지 추가 실험이 필요한데, 그중 하나가 RNA 분석이다. RNA는 살아 있는 생물에서만 나오기 때문이다. 살아 있는 생물은 세포 안에서 다양한 화학 반응이 일어나야 생명체를 유지할 수 있다. 이런 화학 반응을 담당하는 것이 효소인데, 효소는 주로 단백질로 구성되어 있다. 이 단백질을 만들기 위해 DNA의 유전 정보를 따라 단백질을 합성할 때 중간다리 역할을 하는 물질이 바로 RNA다. DNA는 이중나선으로 되어 있어서 상당히 안정적이다. 적절한 환경만 유지되면 아주 오랫동안 분해되지 않고 남아 있을 수 있다. 하지만 RNA는 나선이 한 가닥인데다가 아주 쉽게 분해된다. 생물이 죽으면 RNA는 금세 분해되어 남아나지 않는다. 따라서 어떤 환경에서 RNA를 분리했다면 그건 그 속에 '살아 있는' 생물이 있다는 뜻이다.

이곳에 살고 있는 생물은 산소가 없어도 또는 산소가 없어야 살 수 있는 혐기성생물(anaerobe)이다. 지금까지 알려진 혐기성생물은 주로 박테리아나 고세균과 같은 단세포 원핵생물이다. 하지만 과학자들은 이 지중해 심해 바닥에서 혐기성 진핵생물, 그것도 다세포생물을 발견했다. 동갑동물(Loricifera)에 속하는 세

엔셀라두스의 남극 출처: 위키미디어

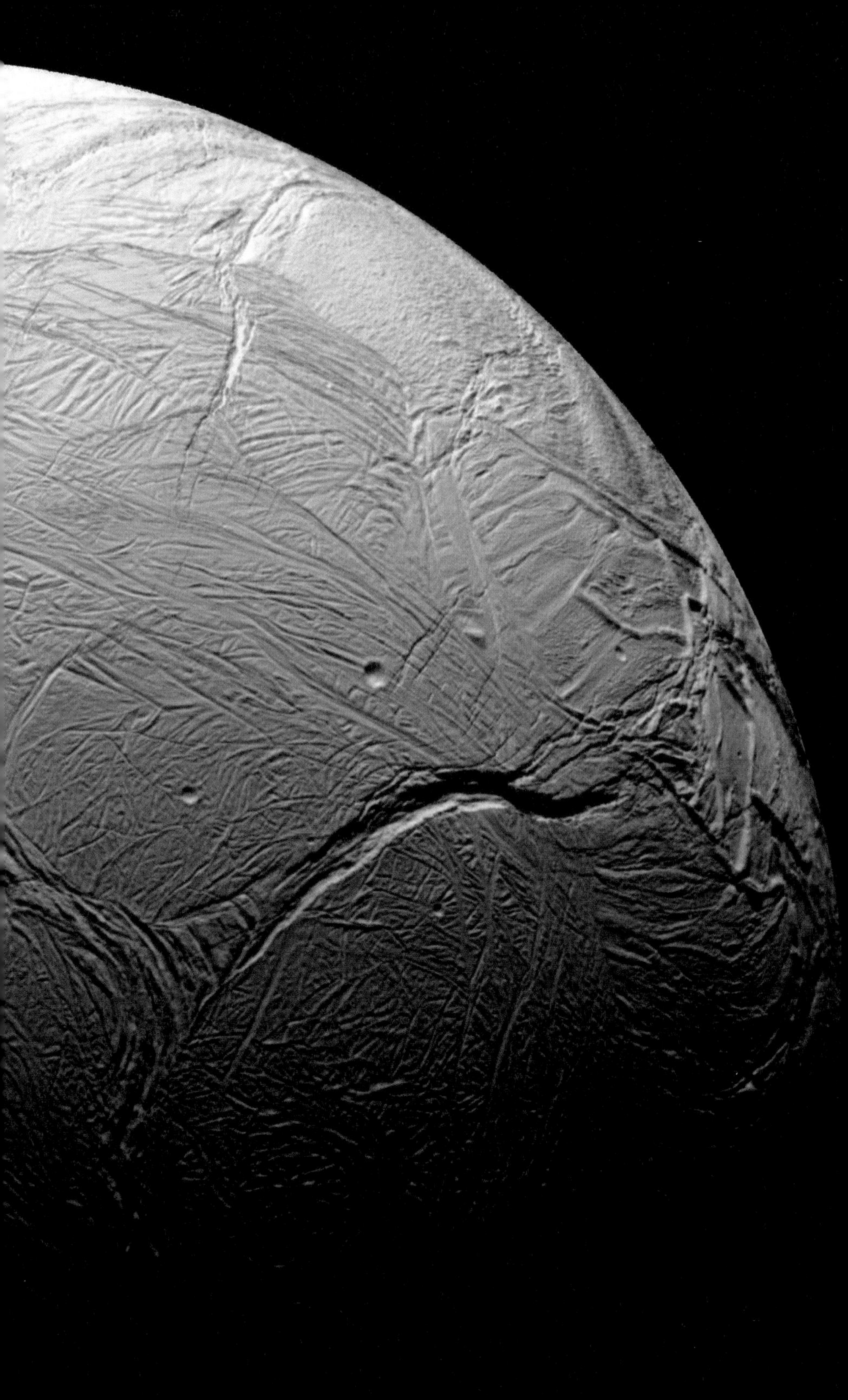

종류(*Spinoloricus sp., Rugiloricus sp. Pliciloricus sp.*)의 새로운 동물이었다. 방사성 추적자, 생화학 분석, 정량 X선 마이크로 분석과 적외선 분광 분석, 주사와 투과 전자현미경 등 다양한 분석을 해 본 결과 이 동물은 미토콘드리아가 없었다.[8] 미토콘드리아는 우리 몸에서 ATP라는 형태의 에너지를 만들어내는 세포소기관이다. 미토콘드리아가 없다면 이 생물들은 도대체 어떻게 에너지를 만들어 낼까? 이 동물들은 공생하는 원핵 미생물이 들어있는 세포소기관(hydrogenosome)을 갖고 있었다. 아마도 이 공생 미생물들이 에너지 생산을 담당하는 것으로 보인다.

사람은 숨을 쉬어야 살 수 있다. 숨을 들이마시면서 폐에서 흡수하는 것은 산소다. 세포가 산소를 필요로 하기 때문이다. 우리 몸의 세포는 산소를 어디에 사용하는 것일까? 산소는 세포(더 정확하게 말하면 미토콘드리아)에서 에너지를 만들 때 사용된다. 그렇다면 산소가 없는 환경에서 생물은 어떻게 에너지를 만들어 낼까? 산소가 없이 ATP를 만드는 발효(fermentation)나 무산소 호흡(anaerobic respiration)을 통해 에너지를 확보한다. 이런 혐기성생물의 에너지 생산은 산소가 거의 없는 외계에서도 생물이 살 수 있다는 놀라운 가능성을 보여준다.

1869년에 발간된 소설 «해저 2만리»에 괴물같이 엄청나게 큰 대왕오징어가 나왔을 때, 어떤 사람들은 작가 쥘 베른의 상상력을 비웃었다.

"햇빛이 전혀 들어가지 않는 바다 속 깊은 곳에 엄청나게 큰 생물이 살다니 그게 말이 되냐고? 캄캄한 그곳에서 도대체 거대한

8. Danovaro 등 2010

ALVIN, SUBMERSIBLE 출처: 위키미디어

생물들이 무얼 먹고 살겠어?"

1970년대까지 과학자들은 생물이 살 수 있는 한계를 해저 200미터에서 1킬로미터 깊이로 보았다. 일반적으로 200미터 깊이까지는 빛이 들어가고, 아주 맑은 바다는 1킬로미터까지도 아주 희미한 빛이 들어갈 수 있었기 때문이다.

하지만 쥘 베른이 옳았다. 1970년대 잠수정 앨빈호(DSV Alvin)가 해저 1만 미터까지 내려갔을 때 앨빈을 타고 있던 콜리스 박사는 자기 눈을 의심하지 않을 수 없었다. 조그만 잠수정 앨빈호에 있는 더더욱 조그만 창문 밖으로 물고기가 지나가고 있었기 때문이다. 그 뒤로 많은 잠수정이 깊은 바다 속을 탐사했고, 지각이 새로 형성되는 해령 주변에서 해저 화산을 찾아냈다. 해저 화산은 그 깊은 바다 속에서 용암이 흘러나와 차가운 물과 만나자마자 굳으면서 기묘한 형상을 만들어 냈다. 이곳을 과학자들은 열수구(hydrothermal vent)라고 이름 붙였다. 어쩌면 엔셀라두스나

열수구 출처: 위키미디어

유로파의 깊은 바다 속에서도 이런 열수구가 있을지 모른다.

열수구에는 용암이 굳으면서 만들어진 굴뚝에서 시커먼 연기가 뿜어져 나오기도 한다. 더 놀라운 것은 이곳에 생물이 살고 있다는 것이다. 언뜻 보면 담배 모양인데 붉은색 아가미가 인상적인 관벌레, 눈이 퇴화되어 앞을 보지 못하는 새우, 온몸에 털이 나 있는 게 등등. 우리나라 쇄빙연구선 아라온호가 세계 최초로 탐사한 남극 주변의 중앙해령에서 우리나라 과학자들이 지금까지 알려지지 않은 새로운 게와 불가사리를 발견하기도 했다.[9] 도대체 이 심해 생물들은 무엇을 먹고 살아갈까?

깊은 땅 속의 미생물을 기억하는 사람이라면 이쯤에서 짐작이 올 것이다. 해저 화산에서 끊임없이 뿜어져 나오는 수소와 황을 이용해 화학합성을 하는 미생물이 바로 이 심해 열수구의 1차 생산자다. 이 미생물을 먹고 열수구 동물이 살아간다. 관벌레는 아예 미생물과 공생한다. 털게는 몸에 난 미세한 털에서 미생물을 키우며 이것을 훑어 먹고 산다. 만일 엔셀라두스나 유로파 심해저에도 열수구가 있다면, 햇빛이 없어도 유지되는 독자적인 생태계가 그곳에서도 가능할 것이다. 그건 외계에도 생물이 살 수 있다는 뜻이다. 화학합성을 하는 미생물이 있다면 말이다. 이 미생물은 화산 근처에 살고 있기 때문에 유황이나 수소 말고도 또 다른 극한 환경을 견뎌야 한다. 이런 열수구 미생물은 상상의 한계를 한 단계 높여 주었다.

9. Hahm 등 2015

뜨거운 것이 좋아!

독일 브라운슈바이크에 가면 DSMZ(Deutsche Sammlung von Mikroorganismen und Zellkulturen)라는 기관이 있다. DSMZ는 미생물과 세포주를 분양해 주는 기관인데, 이곳에는 전 세계 다양한 곳에서 찾아낸 박테리아 2만여 개와 곰팡이 5000여 개 등 다양한 미생물이 보관되어 있다. 만일 누군가 새로운 박테리아를 찾아내서 논문으로 발표한다면 DSMZ와 같이 공인받은 기관에 신종 미생물을 맡겨 두어야 한다. 이렇게 미생물을 맡겨 두면 신종 박테리아가 발표만 되고 사라지는 불상사를 막을 수 있다. 그리고 나중에 누구든지 그 신종 박테리아를 연구하거나 활용하고 싶은 사람이 언제든지 사용할 수 있다. 이곳은 다양한 종류의 극한 미생물의 안식처이기도 하다.

이 DSMZ에 수심 2000미터 깊이 바다 속 열수구에서 분리된 심해저 고세균 피로코커스(*Pyrococcus* sp. GB-D)도 보관되어 있다. 이 고세균을 애완용으로 키우고 싶은 사람은 DSMZ에 신청서를 보내면 얼마든지 분양해 준다. 그러나 피로코커스를 키우려면 독특한 환경을 준비해야 한다.

피로코커스는 뜨거운 곳을 좋아하기 때문에 아주 따뜻하게 해주어야 한다. 피로코커스는 심지어 100도의 끓는 물에서도 살아남는다. 바다 속 출신답게 높은 압력도 잘 견뎌서, 200기압에서도 살 수 있다. 피로코커스와 pH 4~5 정도를 띠는 산성의 물을 압력솥에 담고 한두 시간 팔팔 끓여도 피로코커스는 거뜬하게 살아남는다.[10]

10. Edgcomb 등 2007

사실 뜨거운 곳을 좋아하는 호열성생물(thermophile)은 일찌감치 20세기 중반부터 알려졌다. 1960년대 과학자들은 뜨거운 온천에도 미생물이 살고 있다는 것을 알고 실험실에서 이런 미생물을 배양하기 시작했다. 여기서 80도 이상에서도 살 수 있는 미생물을 발견했는데, 기존의 박테리아와 다른 특성을 가진 것임을 알고 고세균(Arcaebacteria)이라고 이름 붙였다. 처음에 과학자들은 뜨거운 곳에서도 사는 이 미생물이 박테리아보다 더 오래 전부터 지구상에 살았을 것으로 생각했다. 왜냐하면 초기의 지구는 뜨거웠을 것이기 때문이다. 그래서 세균보다 더 오래된 세균이라는 뜻으로 고세균古細菌이라는 이름을 붙인 것이다.

그런데 이건 큰 실수였다. 고세균의 세포 구조와 생리학적인 특징을 연구하면서 점차 과학자들은 이름을 잘못 붙였다는 것을 알았다. 이들은 박테리아보다 더 복잡한 구조를 가지고 있었고, 사람과 같은 진핵세포의 특징을 일부 갖고 있었기 때문이다. 뒤늦게 이 사실을 알게 되었지만, 이걸 어쩌랴! 세균명명 규약에 따르면 한번 붙인 이름을 바꾸는 것은 그리 쉽지 않아서 아직까지도 고세균이라는 이름으로 남아 있다.

다시 호열성 미생물로 돌아가서, 1981년 해양 열수구에서 발견된 피로딕티움 오컬툼*Pyrodictium occultum*이 100도 이상에서 배양되어, 끓는 물에서도 살아남는 첫 번째 생물이 되었다.[11] 이 미생물은 105도가 가장 잘 자라는 최적 온도였고, 심지어 110도의 높은 온도도 견뎠다. 물의 온도가 100도 넘게 올라가는 것은

11. Stetter 등, 1983

압력을 높였기 때문이다. 바다 깊은 곳은 높은 압력과 분화구에서 나오는 뜨거운 열기 때문에 100도 이상의 온도가 만들어진다. 2008년 122도에서도 자라는 메타노피루스 칸들레리*Methanopyrus kandleri*가 알려지면서 생물의 생존 가능한 온도는 더 높아졌다.[12] 이 고세균은 122도라는 엄청난 온도와 20메가파스칼이라는 높은 압력에서도 자란다. 메타노피루스라는 이름에서 짐작하듯이 이 생물은 높은 압력에서 이산화탄소로부터 메탄을 합성할 수 있다. 열수구 화산에서 뿜어져 나오는 이산화탄소를 활용하는 것이다.

과학자들은 80도 이상에서 자랄 수 있는 생물을 초호열성, 45도 이상에서 살 수 있는 생물을 호열성이라고 한다. 지금까지 알려진 정보에 따르면 초호열성세균은 고세균보다 생장 온도가 낮고 종류도 훨씬 적다. 하지만 45도 이상에서 살아가는 호열성세균은 다양하다. 진핵생물 중에서 45도 이상에서 살아가는 것으로는 곰팡이 한 종류와 홍조류 하나가 지금까지 알려졌다. 그렇다면 이렇게 뜨거운 곳에서도 자라는 생물은 금성 같이 뜨거운 행성에서 살 수 있을까?

금성의 하늘 위라면

지구의 대기는 질소가 80퍼센트인데, 금성의 대기는 이산화탄소가 96.5퍼센트나 차지하고 있다. 이산화탄소는 온실 효과를 일으켜 금성의 표면을 뜨겁게 달구어 놓았다. 심지어 금성은 자기보다 태양에 더 가까운 수성보다도 평균 기온이 더 높다(수성과 금성의

12. Takai 등, 2008

평균 기온은 각각 섭씨 167도와 462도다). 금성은 대기압도 아주 높아서 지구의 92배나 된다. 한마디로 금성은 펄펄 끓는 압력밥솥보다도 더 심한 환경이다.

아무리 심해 열수구에 살던 초호열성생물이라도 이런 금성의 뜨거운 표면에서는 생존할 가능성이 거의 없다. 하지만 높은 대기로 올라가면 이야기가 달라진다. 비행기를 타고 여행해 본 사람은 비행기 바깥 온도가 아주 낮아지는 것을 경험해 보았을 것이다. 하늘 높이 올라갈수록 대기 중의 공기는 희박해지고 온도는 낮아진다. 금성에서도 대기권 높이 올라가면 온도가 낮아진다.

금성의 표면은 높은 온도와 압력으로 생물에게 끔찍하겠지만, 지표면에서 50~60킬로미터만 올라가면 살 만한 환경이 나온다. 금성의 인공위성인 마젤란이 전해준 정보에 따르면 금성의 고층대기권(52.5~54킬로미터)의 기온은 섭씨 20~37도이며, 49.5킬로미터 상공에서는 기압이 지구의 지표면과 똑같다. 태양계에서 가장 지구와 비슷한 환경이 만들어지는 것이다. 혹시 공기 중에 떠다니는 생물이 있다면 금성에서도 살 수 있다는 뜻이다.

지구에도 공기 중에 떠다니는 미생물이 많다. 세균이나 고세균은 물론이고 곰팡이 포자도 바람을 타고 날아다닌다. 산성 조건을 견디면서 공기 중에 떠다닐 수 있는 미생물이라면 금성의 대기권에서 살 수 있을지도 모른다. 그래서 어떤 과학자는 태양계에서 생명체를 찾는 후보지로 대기권이 없는 화성보다 금성을 더 추천하기도 한다.

식초와 같은 산성 환경에서도 견디는 생물을 호산성생물

(acidophile)이라고 한다. 대표적인 호산성미생물로 액시디티오바실러스 퍼옥시단스*Acidithiobacillus ferroxidans*가 있다. 이 박테리아는 철에 황이 섞여 있는 광물인 황철광(pyrite)에 살면서 철과 황을 물질대사에 사용하고 황산을 부산물로 만든다. 이 미생물은 하수구에서 나오는 황화수소 기체를 황산으로 바꾸면서 콘크리트 하수 파이프를 부식시켰다. 이런 능력을 이용해 광석에서 금속을 추출해 내는데 이 박테리아의 산화 능력을 사용한다. 박테리아는 촉매로 사용되며, 이런 생물학적인 채굴 과정을 생물용출(bioleaching)이라고도 한다.

한편 술포로부스*Sulfolobus* 속 고세균은 뜨거운 산성 용액에서도 견딘다. 이 고세균은 pH 2~3, 75~80도의 온도 조건에서 가장 잘 자란다. 이런 극한환경에서 술포로부스는 황이나 탄소화합물을 산화시키면서 화학합성을 하거나, 산소가 있는 환경에서는 당을 분해하여 에너지를 얻는다. 미국의 옐로스톤 국립공원이나 일본 벳푸 온천, 아이슬란드, 이탈리아, 러시아 등 화산 활동이 있는 지역이라면 거의 어디에서나 술포로부스를 발견할 수 있다. 이 생물은 어떻게 유황 온천 같은 이런 환경에서도 죽지 않고 살아남을 수 있는 것일까?

그 비밀은 세포막에 있다. 세포막은 인지질이 두 개의 층을 이루고 단백질 그 사이에 군데군데 떠다니거나 박힌 구조를 갖는다. 사람과 같은 진핵생물이나 박테리아는 인지질의 머리와 사슬 부분이 에스테르 결합을 하고 있는데, 고세균은 독특하게도 에테르 결합을 하고 있다. 이 에테르 결합은 에스테르 결합보다

열이나 산성에서 쉽게 분해되지 않는다. 술포로부스는 여기에 한술 더 떠서 테트라에테르 지질을 갖는다. 두 개의 층을 이루고 있는 인지질에 또 다른 지질층이 공유결합을 하고 있다. 이렇게 단단한 세포막이 고온의 강산 조건에서도 이 생물을 지켜주는 것이다. 이 정도라면 금성의 대기권에서도 살 수 있을 것 같지 않은가?

대기권이 없고 추운 화성에서도 살 수 있을까

화성에서 지구 생물이 살아가기 가장 어려운 점은 대기권이 없다는 것이다. 대기권이 없다보니 태양으로부터 들어오는 태양풍과 그 속에 들어 있는 수많은 에너지 입자가 그대로 지표면에 도달한다. 구소련의 체르노빌이나 일본 후쿠시마 원자력발전소가 파괴되었을 때, 현장에 들어갔던 사람들은 발전소에서 나오는 에너지 입자에 세포와 조직이 손상을 입어 일찍 죽었다. 하지만 미생물은 사람보다 자외선과 방사선을 훨씬 잘 견딘다. 다이노코커스 라디오듀란스*Deinococcus radiodurans*라는 박테리아는 1000J/m^{2}의 높은 자외선과 단위시간당 방사선 흡수선량 50 정도의 지속적인 방사선을 견딜 수 있다. 순간적인 방사선은 방사선 흡수선량 12000까지도 견딜 수 있다.[13] 이렇게 높은 방사선을 견디는 생물을 방사선내성생물(radioresistant)이라고 한다.

그런데 화성에 대기권이 없다는 것은 우주에서 날아 들어오는 에너지 입자를 막아주지 못한다는 것보다 더 심각한 문제를

13. Daoy 2009

의미한다. 그것은 바로 기압이 없다는 것이다. 기압은 말 그대로 공기가 눌러주는 압력이다. 압력은 물질의 상태를 결정한다. 압력이 낮아질수록 액체의 끓는점은 낮아져서 낮은 온도에서도 기체로 바뀐다. 화성의 기압이 낮다 보니 물이 모두 기체로 변해서 날아가 버렸다. 만일 화성에서 우주복을 입지 않고 밖으로 나간다면 우리 혈관 속의 피가 끓어오르기 시작할 것이다. 세포 안의 물이 기체로 변해버리는 이런 낮은 기압을 견디는 생물이 과연 있을까?

우주의 낮은 기압을 견딘 생물은 다름 아닌 아주 작은 동물이다. '밀네시움*Milnesium tardigradum*'이라는 이 동물은 0.1~1.5밀리미터 크기의 무척추 동물로, 우리말 이름으로는 '물곰'이라고 불린다. 물곰은 '느리게 걷는 동물' 이라는 뜻의 '타디그레이드'라는 이름을 가졌고, 다른 이름으로 완보동물이라고도 한다. 물곰은 2007년 9월 유럽우주기구(ESA)의 무인 우주선 포톤-M3 위성에 실려 산소가 전혀 없는 '우주 진공 상태'인 우주 공간으로 보내졌다. 놀랍게도 이 생물은 산소가 없고 거의 진공 상태에 가까운 우주 공간에서 낮은 기압과 태양 복사에너지를 견뎌내고 생명을 유지했다. 물곰은 이론적으로 원자로에서도 생존할 수 있다고 한다. 그렇다면 물곰은 화성에서 살 수 있지 않을까?

러시아는 2030년, 미국은 2035년에 화성에 사람을 보낼 예정이다. 인류 최초로 다른 행성을 방문하는 것이다. 그런데 화성은 얼어붙은 행성이다. 지구상의 북극이나 남극처럼 영구동토다. 얼어붙어 있다는 것은 생물이 사용해야 할 물이 얼음 상태로 존재한다는 것을 의미한다. 따라서 외계에서 추위는 생물이 생존하는 데 생각보다 훨씬 심각한 장애물이 될 수 있다.

생물은 과연 얼마나 낮은 온도까지 살 수 있을까? 실험실에서는 글리세롤과 같은 물질이 첨가하고 영하 80도에 보관했다가 다시 녹여도 살아남는 미생물이 있다. 하지만 단지 생존하는 것만으로는 종이 유지될 수 없다. 자손을 만들어야 종의 유지가 가능하다. 북극 영구동토층에서 찾아낸 플라노코커스 할로크리필루스*Planococcus halochryphilus*라는 미생물은 영하 15도에서도

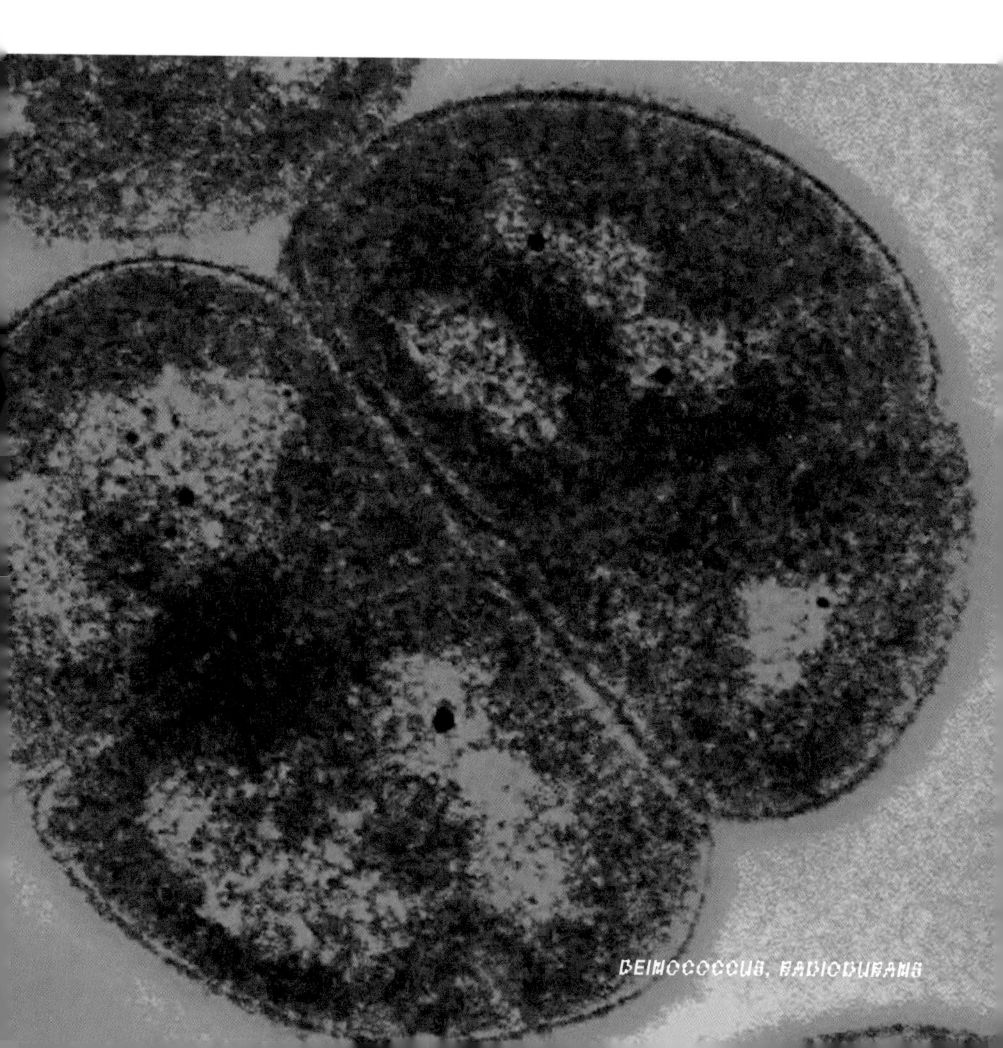

세포분열과 생장을 했다.[14] 추운 화성에서도 생물이 살 수 있다는 희망을 주는 소식이다.

과연 지구 밖 어디에서 우리는 생물을 찾을 수 있을까? 과학자들은 지구상에서 생물이 살아 갈 수 있는 극한 환경을 통해서 지구 밖에서 생물체를 찾을 수 있는 최소한의 환경 조건을 정리했다.[15] 첫째, 온도가 영하 15도에서 122도 사이에 있고 물이 액체 상태를 유지할 수 있도록 대기압이 지구의 백분의 일 이상 되는 곳, 둘째, 1년에 최소한 며칠 동안이라도 비나 눈이 내리거나 안개가 끼거나 상대습도가 80퍼센트 이상 유지되는 곳, 셋째, 적당한 빛이나 지열과 같은 에너지 공급원이 있는 곳, 넷째, 자외선과 이온화된 방사선이 미생물 생존 한계보다 낮은 곳, 다섯째, 생물이 이용할 수 있는 질소가 공급되는 곳, 여섯째, 산소가 대기의 100분의 일 이상 존재하는 곳. 만일 우리가 이런 곳을 찾는다면 생명체를 찾을 수 있을 것이다.

화성의 땅속이라면 이런 조건을 맞출 수도 있을 것 같다. 화성이 얼어붙은 행성이기는 하지만, 동토층도 여름철 대낮에는 표면이 살짝 녹는다. 지역에 따라서 깊이는 다르지만, 지구의 동토층은 50센티미터에서 수백 미터까지 녹는 경우가 있다. 화성의 동토층도 여름철에 이렇게 녹는다면 땅속 어딘가에 얼음이 녹아 물의 상태로 존재하는 지하수가 있을 수도 있다. 화성에서 생물이 발견된다면 땅속 어딘가에 있을지 모르는 지하수 부근이 가장 유력하지 않을까 싶다.

큐리오시티의 후속 탐사선은 화성에서 1미터 이상 땅을 뚫어

14. Mykytczuk 등 2013
15. McKay 2014

흙기둥(토양 코어)을 얻도록 설계하고 있다. 만약 이 탐사선이 화성에 무사히 안착해서 땅 속을 조사하게 된다면, 인류가 화성에 발을 디디기 전에 외계생명체의 소식을 들을 수 있지 않을까 조심스럽게 기대해 본다.

붉은 행성,
화성에 생명체가 있을까

천문학자 이강환

붉은 행성,
화성에 생명체가 있을까

화성에는 당연히 생명체가 있다?

붉은색으로 밝게 빛나며 별 사이를 떠돌아다니는 화성은 오래 전부터 인류의 주목을 끌어왔다. 화성이 붉은색으로 보이는 이유는 사람의 피가 붉은색인 이유와 같다. 사람의 피는 적혈구의 헤모글로빈에 포함된 철 성분이 산소와 결합되어 붉은색을 띤다. 철이 녹슬면 붉은색이 되는 것과 같은 이유다. 화성이 붉은색으로 보이는 이유도 화성의 표면에 산소와 철이 결합되어 만들어진 산화철이 많기 때문이다. 피를 연상시키는 붉은색의 행성에 고대인이 전쟁의 신 마스Mars의 이름을 붙인 것은 어쩌면 너무나 당연해 보인다.

붉은색을 띤 별은 화성 말고도 많이 있다. 별이 수명을 다해서 죽음에 이르면 표면이 팽창하여 커지면서 온도가 낮아져 붉은색을 띠게 되는데 이런 별을 적색거성이라고 한다. 그 중에서 가장 대표적인 것은 여름철 남쪽 하늘에서 잘 보이는 전갈자리에 있는 안타레스Antares라는 별이다. 이 안타레스라는 이름도 화성과 연관되어 있다. 전쟁의 신 마스는 로마 신화의 이름이고, 그리스 신화에서의 이름은 아레스Ares다. 안타레스는 아레스에 필적할 정도로 붉은색을 띤다고 해서, 아레스 앞에 대결을 뜻하는 접두어인 안티Anti가 붙어 만들어진 이름이다.

전갈자리는 황도 12궁 별자리 중 하나로 화성이 지나가는 길목에 있기 때문에 안타레스는 화성과 주기적으로 가까이 만나게 된다. 아레스(화성)와 안타레스가 만나는 사건은 당연히 불길한 일로 여겨져서 점성술에서는 이때 전쟁이 일어날 것이라고 예언하곤 했다. 그리고 그 예언은 대체로 맞았다. 전쟁은 항상 일어났기 때문이다.

안타레스와 같은 적색거성 별은 하늘에서 항상 같은 자리에 머물러 있는데 반해 가장 붉은색을 띠는 화성은 항상 별 사이를 움직이고 있었으므로 특별히 더 불길한 느낌을 줄 수밖에 없었을 것이다. 동양 사람들은 화성의 붉은색을 보면서 붉은색으로 불타는 불꽃(火)을 떠올렸다. 만일 이 붉은 행성에 생명체가 있다면 그들은 아무래도 호전적이고 거친 성격을 가지고 있지 않겠는가?

화성에 지적인 생명체가 존재할 것이라는 생각은 19세기 후반과 20세기 초에 하나의 유행처럼 퍼졌다. 19세기 중반에는 화성은 자전 주기가 지구와 비슷하여 하루의 길이가 지구와 거의 같고, 자전축이 기울어진 각도가 지구와 비슷하여 지구처럼 계절의 변화가 생긴다는 사실이 알려져 있었다. 그리고 화성의 밝은 부분은 육지로, 어두운 부분은 바다로 여겨졌기 때문에 화성에 어떤 형태로든 생명체가 살고 있을 것이라는 추측은 아주 자연스러웠다. 화성에 생명체가 있을 것이라는 생각은 너무나 당연하게 여겨져서 화성인을 뜻하는 마션martian은 지금까지도 영어 사전에 남아 있을 정도다.

화성은 약 26개월을 주기로 지구에 가장 가까이 온다. 이탈리아의 천문학자 조반니 스키아파렐리Giovanni Schiaparelli는 1877년 화성이 지구에 가장 가까이 올 때를 기다려 밀란에서 직경 22센티미터 망원경으로 화성을 관측하여 최초의 화성 표면 지도를 그렸다. 그는 화성 표면에서 여러 개의 긴 선을 관측하고 이것을 '카날리canali'라고 불렀다. '틈새'나 '홈'이라는 뜻의 카날리는 영어로 '운하'라는 뜻의 '캐널canal'로 번역되었다. 당시 태평양과 대서양을 잇는 파나마 운하가 건설 중이었기 때문에 운하라는 단어는 자연스럽게 지적 생명체가 인공적으로 만든 물길을 연상시켰다.

이 관측에 영향을 받은 미국의 사업가이자 과학자인 퍼시발 로웰Percival Lowell은 1894년 애리조나에 천문대를 건설하고 화성 관측을 시작했다. 로웰은 구한말에 일본과 조선을 여행하고 여러 여행기를 저술한 여행가이기도 하다. 그는 10년 넘게 화성을 관측하면서 화성 '운하'의 지도를 그렸고, 이것은 화성의 지적 생명체가 만든 것이 분명하다고 주장했다. 로웰의 주장은 특히

대중에게 큰 인기를 얻었다.

1898년에 발표된 웰스Wells의 소설 «우주 전쟁The War of the Worlds»은 화성에 호전적인 지적 생명체가 존재할 것이라는 대중적인 믿음을 더욱 강화시켰다. 화성인의 공격을 다룬 이 소설은 1938년 미국에서 라디오 드라마로 방송되었다. 그런데 화성인이 지구를 공격하고 있음을 알리는 드라마 속 뉴스를 사람들이 실제 상황으로 착각하는 바람에 엄청난 소동이 일어났다. 1953년에는 영화로도 만들어져 이후 무수히 많은 외계인 침공 영화의 원조가 되기도 했다. 1996년 팀 버튼 감독의 영화 ‹화성 침공Mars Attacks›의 소재가 되었고, 2005년에는 톰 크루즈 주연의 영화로 리메이크되어 다시 한 번 주목을 받았다.

로웰의 주장은 대중에게는 큰 인기를 얻었지만 천문학자에게는 회의적인 반응을 받았다. 1908년에 새롭게 설치된 윌슨산 천문대의 망원경은 직경 1.5미터로 로웰이 사용한 직경 60센티미터 망원경보다 월등히 우수한 망원경이었다. 1909년

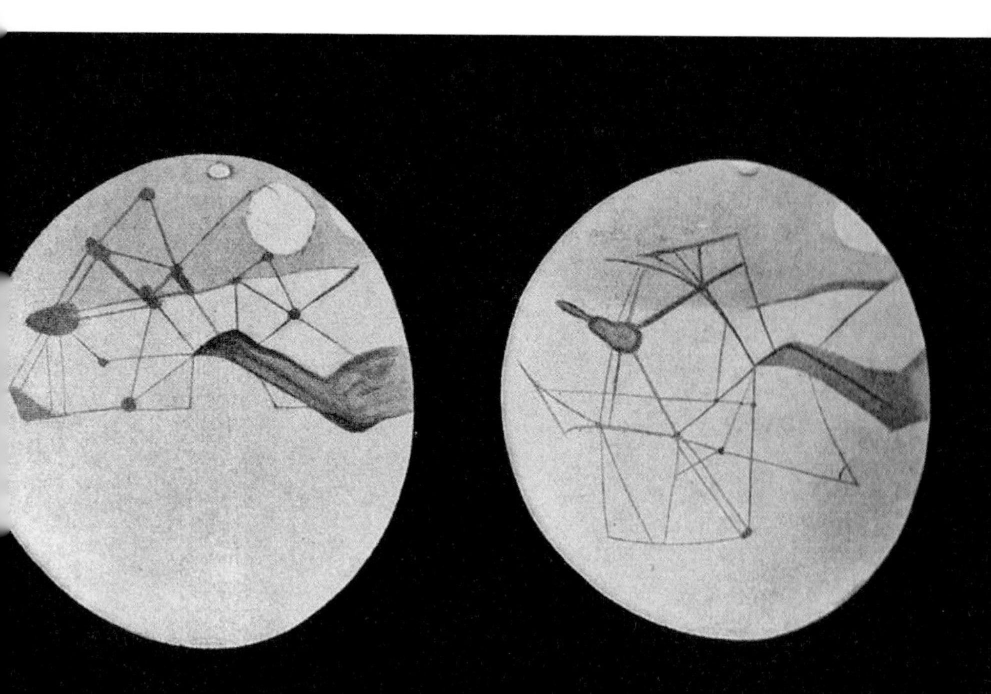

로웰이 그린 화성의 운하

이 망원경으로 화성을 관측한 천문학자들은 화성에서 운하로 보이는 것은 전혀 발견하지 못했다고 발표했다. 대중적인 인기와는 달리 로웰과 그가 만든 로웰 천문대는 천문학계에서는 큰 주목을 받지 못했다. 하지만 로웰은 1916년 61세의 나이로 사망할 때까지 태양계 행성 연구에 일생을 바쳤으며, 1930년 로웰 천문대에서 일하던 클라이드 톰보Clyde Tombaugh는 명왕성(2006년까지 행성으로 인정받았다)을 발견했다. 그리고 로웰 천문대는 국가 지정 역사 유적지로 지정되었으며 로웰과 톰보가 사용했던 망원경은 지금도 교육용으로 사용되고 있다.

1964년 나사NASA(미국우주항공국)는 화성을 근접하여 통과하는 탐사선인 매리너Mariner 3호와 4호를 발사했다. 매리너 3호는 발사 과정에서 덮개인 페어링이 분리되지 않아 실패했지만, 매리너 4호는 7개월 반 동안 성공적인 비행 후 1965년 7월에 화성을 근접 통과했다. 매리너 4호는 화성을 약 9800킬로미터 거리로 통과하면서 사진 22컷을 보내왔는데 이것은 다른 행성에 대한 최초의 근접 촬영 사진이었다. 이후 1971년에 발사되어 최초로 화성의 주위를 도는 궤도선이 된 매리너 9호까지 이어진 화성 탐사를 통해 화성 표면 사진을 많이 얻을 수 있었다. 그리고 1976년 바이킹Viking 1호와 2호는 드디어 화성 표면에 착륙하는 데 성공했다. 화성은 거대한 협곡과 높은 산을 가진 황량한 사막과 같았다. 어디에도 로웰이 보았던 운하나 지적 생명체의 흔적은 찾을 수 없었다.

태양계에서 가장 큰 협곡, 매리너

화성의 지름은 지구의 절반 정도이고, 부피는 지구의 8분의 1 정도밖에 되지 않기 때문에 지구 안에 화성이 8개가 들어갈 수 있다. 밀도는 지구보다 훨씬 낮아서 질량은 지구의 10분의 1 정도밖에 되지 않는다. 중력은 지구의 약 3분의 1 정도다. 흔히 지구와 유사한 행성이라고 많이 알려져 있지만 사실은 지구에 비해서 아주 작고 가벼운 행성이다. 화성의 환경이 지구와

매리너 협곡, 태양계에서 가장 큰 규모의 계곡이다.
출처: ASTRONOMY PICTURE OF THE DAY(APOD)

유사하다고 알려진 이유는 하루의 길이가 24시간 37분으로 지구와 거의 같고, 자전축의 기울기가 25.2도로 지구와 비슷하여 지구처럼 계절 변화가 생기기 때문이다. 하지만 화성의 공전 주기는 687일로 지구의 2년이 조금 안 되기 때문에 각 계절의 길이는 지구의 두 배 정도가 되고, 작은 질량 때문에 중력도 작아서 지구처럼 두터운 대기를 가질 수 없다. 화성의 대기압은 지구의 1퍼센트도 되지 않기 때문에 화성의 환경은 지구와 유사하다기보다는 다른 점이 더 많다고 보아야 할 것이다.

재미있는 것은 화성은 지구에 비해서 상당히 작은 행성이지만 지구보다 훨씬 더 큰 규모의 지형을 가지고 있다는 것이다. 화성의 적도 부근에 있는 매리너 협곡은 길이 4000킬로미터, 넓이 200킬로미터, 깊이 7킬로미터로 태양계에서 가장 큰 규모다. 지구에서 가장 큰 계곡인 그랜드 캐넌은 길이 800킬로미터, 넓이 30킬로미터, 깊이 1.8킬로미터로 매리너 협곡의 규모에는 비교도 되지 않을 정도다. 화성의 크기가 지구보다 훨씬 더 작다는 사실을 고려하면 매리너 협곡의 규모는 더욱 놀랍다. 길이 4000킬로미터는 화성의 반지름보다 더 큰 규모다. 매리너 협곡이 어떻게 만들어졌는지는 아직 정확하게 밝혀지지 않았다. 현재의 가장 유력한 이론은 수십억 년 전에 화성이 냉각되면서 발생한 균열 때문에 만들어진 단층이 원인이라는 것이다.

화성에 있는 화산 역시 지구보다 월등히 큰 규모를 자랑한다. 태양계에서 가장 큰 화산인 올림푸스 화산은 높이가 약 25킬로미터로, 지구에서 가장 높은 에베레스트산 높이의 거의

3배나 된다. 타르시스 고지에 있는 화산 세 곳도 높이가 모두 10킬로미터가 넘는다.

화성에서 화산 활동의 규모가 큰 이유는 화성의 약한 중력과 낮은 대기압 때문이다. 화산은 지하에 모인 마그마가 표면으로 분출되는 현상인데 화성은 분출을 방해하는 역할을 하는 중력과 대기압이 약하기 때문에 화산 폭발의 규모가 지구보다 더 커지게 된다. 그리고 화성은 지구와 달리 지각이 이동하지 않기 때문에 화산이 한 곳에서 활동하니 더 큰 규모의 화산이 만들어진다. 예를 들어, 지구의 하와이 열도는 한 지점에서 화산 활동이 계속 일어나지만 지각이 이동하기 때문에 여러 화산이 일렬로 늘어진 형태로 만들어진다. 이에 반해 화성에서는 지각이 이동하지 않기 때문에 한 지점에서 계속해서 화산이 활동한다. 매리너 협곡의 규모가 지구보다 훨씬 큰 것도 큰 규모의 화산 활동과 연관이 있는 것으로 보인다.

화성의 분열, 평원 대 크레이터

화성 지형의 또 한 가지 특징은 남반구와 북반구의 지형이 크게 다르다는 것이다. 이것은 화성 지형 연구에서 매우 중요한 주제로 '화성의 분열(Martian dichotomy)'이라고 불린다. 북반구는 용암류에 의해 평평하게 만들어진 평원이 펼쳐져 있으며, 남반구는 운석 충돌로 인해 움푹 팬 땅이나 크레이터가 많이 존재한다. 지구에서 본 화성 표면도 그 때문에 양쪽의 밝기가 다르게 보인다. 밝게 보이는 북반구는 육지로 여겨져 아라비아 대륙이나 아마조니스 평원과 같은 육지의 이름으로 불리고, 어두운 남반구는 바다로 여겨져 에리트레아Erythraeum 해(라틴어로 홍해를 뜻함), 세이렌Sirenum의 바다, 오로라Aurorae 만과 같이 바다의 이름으로 불리고 있다. 그러나 실제로는 전체 지형의 3분의 1을 차지하는 북반구가 3분의 2를 차지하는 남반구보다 3~6킬로미터 더 낮은 지형을 가지고 있다. 화성에 충분한 물이 있다면 육지의 이름이 붙어 있는 북반구가 오히려 바다가 될 것이다.

화성의 분열을 설명하는 이론으로는 크게 세 가지가 있다.[1] 첫째는 거대한 충돌 이론이다. 화성 북반구의 낮은 지형인 보레알리스Borealis 분지는 화성 전체 표면의 약 40퍼센트를 차지하는데, 이것은 약 40억 년 전 명왕성 크기의 소행성이 충돌하여 만들어졌다는 것이다. 이것은 최근의 연구를 통해 가장 많은 지지를 얻고 있는 이론이다. 이 이론은 화성 지형의 전체적인 모습을 비교적 단순하게 설명할 수 있다는 장점이 있다. 태양계 형성 초기에는 이런 거대한 충돌이 얼마든지 일어날 수 있었기 때문에 실제 그랬을 가능성도 매우 높다. 지구의 달도 지구에 화성 정도 크기의 천체가 충돌하여 만들어졌다는 것이 현재 가장 많은 지지를 받고 있는 이론이다. 이것은 화성에서 일어난 충돌보다 훨씬 더 큰 규모의 충돌이었다.

둘째는 화성 형성 초기에 있었던 지각 변동에 의해 지형의 차이가 만들어졌다는 이론이다. 지구에서는 맨틀의 대류 때문에 지형의 불균형이 만들어지는데 화성에서도 이와 비슷한 현상으로

1. Geroge E. McGill, 'Origin of the Martian Crustal Dichotomy: Evaluating Hypotheses', 1991, Icarus, 93, 386.R2 James H. Roberts, Shijie Zhong, 'Degree-1 convection in the Marian mantle and the origin of the hemispheric dichotomy', 2005, Journal of Geophysical Research, 111.

2. James H. Roberts, Shijie Zhong, 'Degree-1 convection in the Marian mantle and the origin of the hemispheric dichotomy', 2005, Journal of Geophysical Research, 111.

지형의 불균형이 만들어졌다는 것이다. 현재 화성에서는 이런 지질 현상이 일어나지 않고 있지만 온도가 높고 불안정하던 화성 형성 초기에는 이런 현상이 일어났을 수도 있다고 보는 것이다. 최근에는 화성의 한 쪽에서는 맨틀의 상승 작용이 일어나고, 한 쪽에서는 하강 작용이 일어나 양쪽 지형의 차이를 만들 수 있다는 연구 결과도 발표되었다.[2] 실제 화성 형성 초기에 지각의 변동이 일어났다는 증거도 많이 있다.

마지막으로 한 번의 거대한 충돌이 아니라 여러 번의 작은 충돌로 지형의 불균형이 만들어졌다는 이론이 있다. 그러나 이 이론을 뒷받침하는 증거는 거의 없고, 여러 번의 충돌이 북반구에만 집중적으로 일어난 이유를 설명하지 못하기 때문에 지금은 거의 받아들여지지 않고 있다. 현재는 대체로 첫째 이론인 거대한 충돌과 둘째 이론인 지각의 변동이 결합되어 화성의

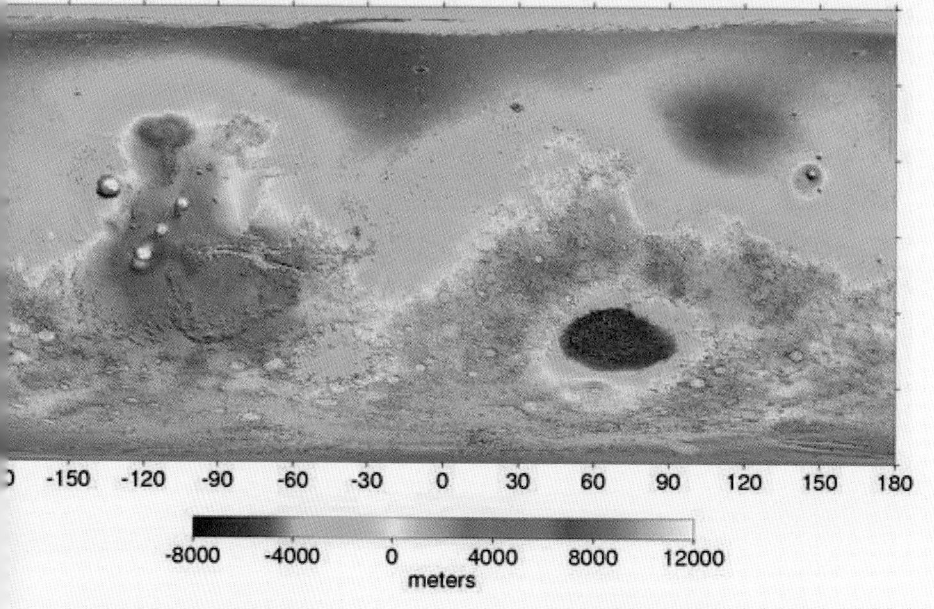

화성의 지형. 낮은 지형의 북반구와 높은 지형의 남반구가 '화성의 분열'을 명확하게 보여준다. 남반구의 큰 구멍은 헬라스 플라니시아다. 출처 : ASTRONOMY PICTURE OF THE DAY(APOD)

분열이 만들어졌다고 보고 있다.

화성의 분열이 어떻게 만들어졌는지 아직 명확하게 밝혀지지는 않았지만 이것이 아주 오래 전 화성 형성 초기에 만들어진 것이라는 데에는 큰 이견이 없다. 화성 형성 직후에 수많은 운석이 화성에 충돌한 '대형 폭격(heavy bombardment)'이라는 시기가 있었다. 최근에 화성의 주위를 도는 탐사선이 얻은 자료에서 이 당시에 만들어진 것으로 보이는 분지들이 많이 발견되었는데, 이것은 화성이 그 시기 이전에 분열되었다는 사실을 의미한다. 화성이 그 이후에 분열되었다면 대형 폭격 당시에 생긴 많은 분지들을 덮어버렸을 것이기 때문이다. 현재의 화성은 지질 활동이 거의 없는 상태다. 지각 변동이나 화산이 활동하기에는 크기가 너무 작기 때문이다. 여러 면에서 화성의 지형은 지구와는 상당히 다르다.

극과 극의 기온, 영하 150도부터 영상 20도까지

화성은 자전축이 기울어진 각도가 지구와 비슷한 25.2도이기 때문에 태양계 행성 중 계절의 변화가 지구와 가장 유사하다. 단 화성의 1년은 지구의 1.88년으로 약 2년이기 때문에 계절의 길이도 지구의 두 배 정도다. 그리고 화성은 태양에서 지구보다 약 1.5배 더 멀리 있기 때문에 받는 태양에너지의 양도 40퍼센트 정도밖에 되지 않는다. 그래서 전반적으로 온도는 지구보다 낮으며, 대기가 얇기 때문에 온도의 변화도 매우 크다. 화성의 표면 온도는 가장 낮을 때(겨울의 극지방)는 약 -150도, 가장 높을 때(여름의 적도지방)는 약 20도 정도가 된다.

화성의 공전 궤도가 지구와 비슷하다면 계절의 변화도 지구와 훨씬 더 비슷했겠지만 화성은 지구와 달리 상당히 큰 타원 궤도로 태양의 주위를 돈다. 이것은 화성의 온도 변화에 상당히 큰 영향을 준다. 화성이 태양에 가장 가까이 갈 때에는 화성의 남반구가 여름이고, 북반구는 겨울일 때다. 가장 멀리 갈 때에는 이와 반대가 된다. 그 결과 태양에 가까이 있을 때 여름이 되고 멀리 있을 때 겨울이 되는 화성의 남반구는 북반구에 비해서 여름과 겨울의 온도 차이가 북반구에 비해서 훨씬 더 크다. 남반구의 여름은 북반구의 여름보다 30도나 더 높다. 화성의 공전 궤도는 다른 행성들의 영향으로 점점 더 큰 타원으로 되고 있는데, 그 결과 지구와 화성 사이의 가장 가까운 거리는 점점 줄어들고 있다.

화성 자전축의 기울기는 지구처럼 안정되어 있지 않고 상대적으로 매우 크게 변한다. 지구는 질량이 꽤 큰 위성인 달이 자전축을 안정시켜주는 역할을 하지만 화성의 위성 두 개는 질량이 너무 작아서 그런 역할을 하지 못하기 때문이다. 화성의 위성인 포보스Phobos와 데이모스Deimos는 원래는 소행성이었는데 화성의 인력에 붙잡혀 위성이 된 것으로 여겨진다. 그 결과 화성 자전축의 기울기는 25도에서 45도까지 변한다. 현재의 기울기는 25도 정도지만, 몇 백만 년 전에는 45도였다. 자전축 기울기의 변화와 큰 타원 궤도 때문에 화성의 기후는 약 17만 년을 주기로 전체적으로 따뜻한 시기와 추운 시기를 반복한다.

화성 전체를 뒤덮는 거대한 먼지폭풍

화성의 대기는 매우 얇아서 대기압이 지구의 1퍼센트도 되지 않는다. 화성의 대기는 96퍼센트가 이산화탄소이고, 아르곤과 질소가 각각 2퍼센트 그리고 소량의 산소, 일산화탄소, 수증기, 메탄 등이 있다. 화성의 대기에는 먼지가 많이 섞여 있어서 붉은색보다 파장이 짧은 태양빛을 대부분 산란시키기 때문에 화성 표면에서 보는 하늘은 지구의 노을처럼 옅은 갈색이나 오렌지색으로 보인다. 화성에서는 먼지 폭풍이 자주 일어나는데 지구와 달리 먼지를 비가 씻어 내리지 못하기 때문에 먼지들은 대기 중에 오래 머무르게 된다.

1971년 매리너 9호가 화성에 처음 도착했을 때 사람들은 화성 표면을 이전보다 훨씬 더 자세히 볼 수 있을 것이라는 기대에 부풀었다. 하지만 그들이 본 것은 화성 전체를 뒤덮은 폭풍이었고, 올림푸스 화산만이 폭풍 위로 머리를 내밀고 있었다. 이 폭풍은 한 달 동안 지속되었고, 매리너 9호는 폭풍이 가라앉은 다음에야 임무를 수행할 수 있었다.

화성의 거대한 폭풍은 불과 몇 시간 만에 만들어져서 며칠 만에 화성 전체를 뒤덮고 몇 주 동안 유지된다. 폭풍이 일어나는 이유는 대기의 온도 차이이기 때문에 화성이 태양에 가까이 있을 더 잘 일어난다. 재미있는 것은 대부분의 폭풍이 특정한 장소에서 발생한다는 것이다. 남반구에 있는 커다란 충돌 분지인 헬라스 플라니시아가 그곳이다. 헬라스 플라니시아는 태양계에서 가장 깊은 충돌 분지인데, 가장 깊은 곳의 온도는 표면보다 10도 정도가 높고, 깊은 곳이기 때문에 먼지들도 많이 쌓여 있다. 이런 온도 차이가 바람을 일으키고 쌓여 있던 먼지들을 끌어올려 폭풍을 만든다.

대규모 폭풍이 일어나면 태양빛이 차단되기 때문에 표면 온도가 4도 정도 낮아진다. 이것은 화성을 탐사하고 있는 탐사선에게는 매우 중요하다. 탐사선은 대부분 태양빛으로 에너지를 얻기 때문이다. 실제 2007년에 일어난 대규모 폭풍 때 화성을 탐사하고 있던 스피릿Spirit과 오퍼튜니티Opportunity는 폭풍이 끝날 때까지 잠시 활동을 멈추기도 했다. 대규모의 폭풍이 일어나면 태양빛을 많이 반사하기 때문에 지구에서 보기에 화성이 더 밝아 보이기도 한다. 작은 규모의 먼지 폭풍은 국지적으로는 자주 일어나서 며칠 동안 지속되다가 없어지지만, 어떤 경우에는 화성 전체를 뒤덮는 대규모 폭풍으로 이어지기도 한다. 작은 규모의 폭풍이 어떤 이유로 대규모 폭풍으로 발전하는지는 아직 이해하지 못하고 있다.

화성의 북극에는 지름 1600킬로미터 정도의 거대한 구름이 매년 여름마다 거의 같은 시기에 같은 크기로 나타난다. 이 구름은 주로 얼음 알갱이로 이루어져 있어서 먼지폭풍과는 달리 흰색으로 보인다. 이것은 북극의 극관(polar cap)이 여름에 태양빛을 받아 증발하면서 만들어지는 것으로 생각된다.

화성의 북극과 남극에 나타나는 극관은 지구에서도 볼 수 있는 화성의 중요한 특징 중 하나다. 극관은 이미 17세기에 발견되었고, 겨울에는 크기가 커지고 여름에는 작아지는 것은 화성의 먼지폭풍. 먼지폭풍이 발생하기 직전과 발생한 후의 모습 비교.

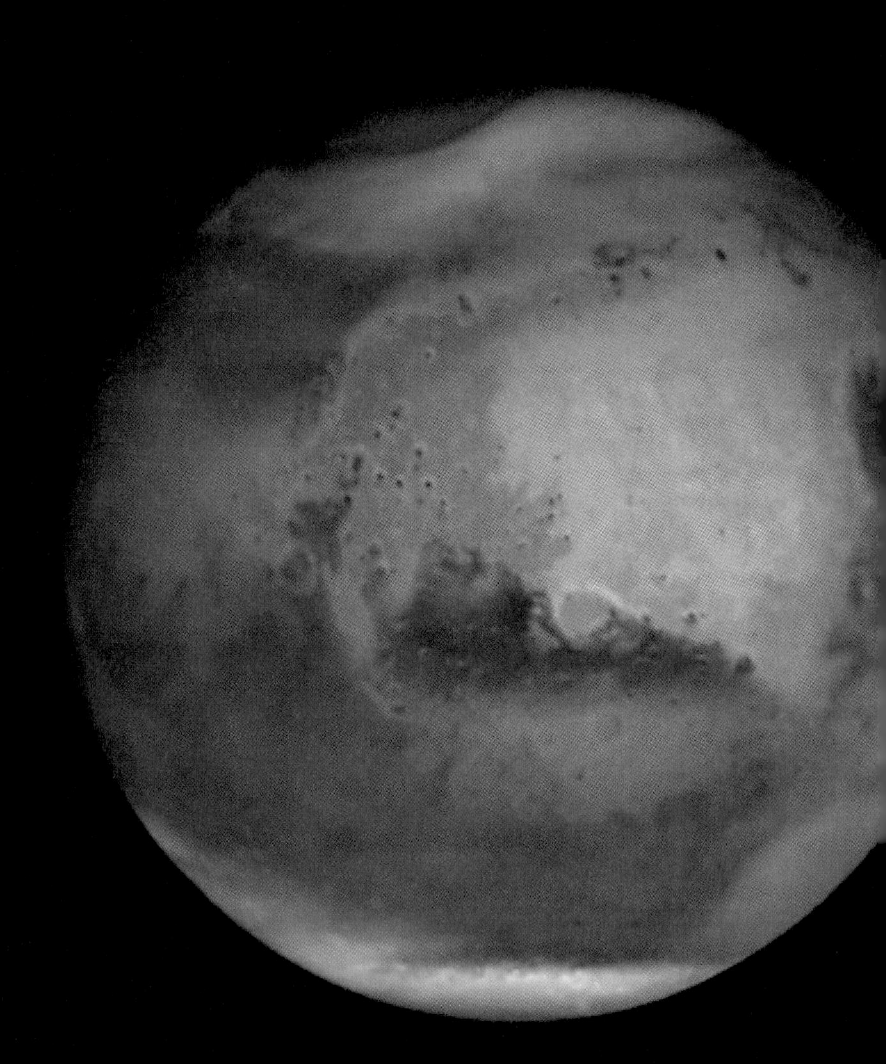

June 26, 2001

Mars • G
Hubble Spa

NASA, J. Bell (Cornell University), M. Wolff (SSI), and the H

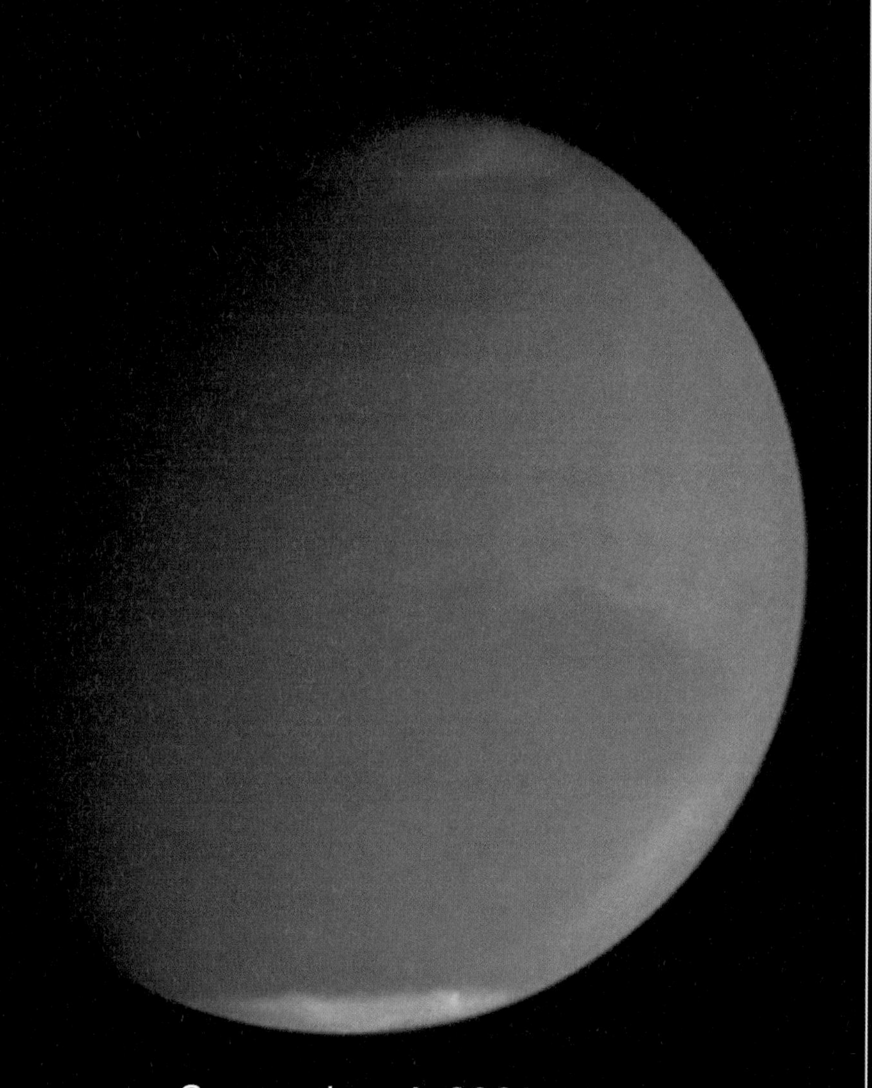

September 4, 2001

st Storm

pe • WFPC2

Team (STScI/AURA) • STScI-PRC01-31

18세기에 천왕성을 발견한 천문학자 윌리엄 허셜William Herschel에 의해 처음으로 밝혀졌다. 화성 대기의 주성분은 이산화탄소이기 때문에 화성의 극관도 오랫동안 이산화탄소의 얼음인 드라이아이스로 이루어져 있다고 여겨졌다. 하지만 2003년 화성 탐사선의 자료를 분석한 과학자들은 화성의 극관이 표면을 제외하고는 대부분 물의 얼음으로 이루어져 있다는 사실을 밝혀냈다. 남극의 극관에는 드라이아이스가 8미터 정도의 두께로 표면을 덮고 있는 반면, 북극의 극관에는 겨울에만 표면이 1미터 정도 두께의 드라이아이스로 덮인다.[3] 이것은 남극의 고도가 더 높아서 기온이 더 낮기 때문이다. 각각의 극지방이 봄이 될 때는 드라이아이스가 승화되어 바람이 발생하는데 이 과정은 아주 강력하여 화성 전체를 뒤덮는 대규모 먼지 폭풍으로 발전하기도 한다.

화성의 먼지 폭풍은 화성 전체를 뒤덮을 정도로 대규모로 일어날 때도 있지만, 대기가 너무 얇기 때문에 무거운 물체를 날릴 정도가 되지는 않는다. 태양에너지로 움직이는 탐사선의 활동에 문제가 될 수는 있지만, 먼지 폭풍에 탐사선이 날려갈 걱정은 사실 하지 않아도 된다.

태양풍의 공격으로 잃어버린 대기

화성의 대기가 얇은 것은 중력이 약하기 때문이기도 하지만, 화성에는 자기장이 없기 때문이기도 하다. 지구와 달리 자기장이 없는 화성은 태양풍에 의해 많은 양의 대기를 잃어버렸다. 현재의

3. David Darling, 'Polar Caps of Mars', Encyclopedia of Science.

화성은 자기장을 가지고 있지 않지만 화성 지각의 일부에서 자기장에 의한 배열이 관측되는 것으로 보아 과거에는 자기장을 가지고 있었던 것이 분명하다. 화성이 만들어진 초기에는 자기장이 있었지만 약 40억 년 전에 자기장이 사라져 버린 것으로 보인다. 태양에서 날아오는 전하를 띤 입자인 태양풍은 자기장이 있으면 행성 대기에 직접 닿지 못하거나 상층 대기의 입자와 충돌하여 오로라를 만들어내는 정도로 그치지만, 자기장이 없는 화성에서는 대기를 구성하는 입자에 에너지를 전달하여 우주 공간으로 날아가게 만든다. 최근의 화성 탐사선들은 태양풍에 의해 화성에서 빠져나온 대기 입자를 실제로 관측하기도 했다.[4]

지구는 화성보다 태양에 더 가까이 있지만 강력한 자기장이 태양풍을 막아준다. 자기장은 지구 내부의 액체 상태의 금속으로 이루어진 핵이 회전하여 만들어진 것으로 여겨진다. 이것을 '다이나모dynamo 이론'이라고 한다. 금성은 자기장을 가지고 있지 않은데 이것은 금성의 자전 속도가 너무 느리기 때문이라고 설명할 수 있다. 화성은 과거에는 자기장을 가지고 있다가 현재에는 자기장이 사라졌는데, 그 이유는 아직 확실하지 않지만 화성이 만들어진 초기에는 액체 상태의 금속 핵이 존재하다가 화성이 냉각되면서 굳어져 버린 것으로 생각할 수 있다.

화성의 자기장이 왜 사라졌는지는 확실하지 않지만 그 시기가 약 40억 년 전이라는 것은 분명해 보인다. 화성 형성 직후에 있었던 대형 폭격 시기에 화성에 자기장이 있었다면 이 시기에 만들어진 대표적인 두 충돌 분지인 헬라스 플라니시아와 아기레

4. Lundin, R., et al. 'Solar Wind-Induced Atmospheric Erosion at Mars: First Results from ASPERA-3 on Mars Express.', 2004, Science 305 (5692): 1933–1936.

플라니시아의 구조는 냉각이 되면서 자기장에 의한 배열이 일어났어야 했다. 그런데 그런 구조가 발견되지 않기 때문에 화성의 자기장은 그 이전에 사라진 것이 분명하다.[5] 40억 년의 오랜 기간 동안 화성은 태양풍의 공격을 받아 가지고 있던 것을 서서히 잃어버려서 현재와 같이 대기가 거의 없는 상태가 된 것이다.

드디어 발견된 액체 상태의 물

화성에 대기가 거의 없다는 사실은 화성의 환경에 매우 중요한 영향을 미친다. 화성 표면에는 액체 상태의 물이 존재하기 어렵다는 것을 의미하기 때문이다. 화성의 대기압과 온도에서는 액체 상태의 물은 대부분 곧바로 증발해버리거나 얼어버린다.

화성 역사의 초기에 액체 상태의 물이 많이 있었다는 것은 이제 의심할 여지가 없는 사실로 받아들여지고 있다. 1971년에 화성을 탐사한 매리너 9호는 화성 전역에서 수많은 계곡을 발견했다. 사진에 보인 모습은 물이 수천 킬로미터를 흐르면서 만들어낸 강의 계곡과 지류, 그리고 비가 내린 흔적이었다. 그 이후로 계곡은 더 많이 발견되어 2010년에 만들어진 화성의 지도에는 4만 개가 넘는 화성의 계곡이 그려져 있다.[6]

계곡의 흔적뿐만 아니라 상당히 큰 규모의 호수의 흔적도 발견되었다. 그 크기는 지구의 카스피해나 흑해 또는 바이칼호와 비슷한 수준이다. 호수의 바닥에서 만들어진 삼각지도 여럿

5. 'The Solar Wind at Mars', 2001, NASA Science News.

6. Brian M. Hynek, et al., 'Updated global map of Martian valley networks and implications for climate and hydrologic processes', 2010, Journal of Geophysical Research,115.

7. Gaetano Di Achille and Brian M. Hynek, 'Ancient ocean on Mars supported by global distribution of deltas and valleys', 2010, Nature Geoscience, 3, 459.

발견되었다. 삼각지가 만들어지기 위해서는 보통 오랜 시간 동안 깊은 물속에 있어야 하기 때문에 이것은 화성에 물이 많이 있었다는 중요한 증거가 된다. 2012년 큐리오시티Curiosity 탐사선은 둥근 모양의 자갈과 조약돌의 사진을 보내왔다. 이것은 오직 빠르게 흐르는 물속에서만 만들어질 수 있다.

화성에 바다가 있었는지는 오랫동안 논란거리였지만, 최근에 약 35억 년 전에는 화성 표면의 약 3분의 1이 바다였다는 연구 결과가 나왔다.[7] 이 바다는 북반구의 거대한 분지인 보레알리스 분지를 모두 덮고 있었던 것으로 보인다. 초기의 화성은 지금보다 더 따뜻하고 대기의 양도 많았던 것이 분명하다.

화성의 대기가 어떻게 변화해 왔는지 이해하기 위해서 나사에서 발사한 '화성대기변화 탐사선(Mars Atmosphere and Volatile Evolution Mission, MAVEN)'이 2014년 9월 화성 궤도에 도착했다. 화성에 액체 상태의 물이 존재하기 위해서는 화성의 대기압이 지금보다 최소 50배는 더 커야 한다. 이 탐사선은 화성이 지금까지 어떤 과정으로 대기를 잃어왔는지 자세하게 조사할 예정이다. 이 탐사선의 임무가 끝나면 과거에는 액체 상태의 물을 많이 가지고 있던 화성이 지금은 왜 이렇게 차갑게 얼어붙은 행성이 되었는지 더 잘 이해할 수 있을 것으로 기대된다.

현재 화성의 물은 대부분 얼음의 형태로 존재한다. 2008년 나사는 화성의 북극 근처에 착륙한 피닉스Phoenix 탐사선이 얼음의 존재를 확인했다고 발표했다. 피닉스는 길이 2.4미터의 로봇 팔로 화성의 영구 동토층 밑에 있는 흙을 파낸 후 가열하여 물의 존재를 확인했다. 2년 후 화성정찰위성(Mars Reconnaissance Orbiter, MRO)은 화성 북극의 극관에 있는 얼음이 모두 녹는다면 화성 표면 전체를 약 5.6미터 깊이로 덮을 수 있는 정도의 양이라는 사실을 알아냈다. 화성의 남극에는 더 많은 얼음이 있고, 상당한 양의 얼음이 화성 표면 곳곳에 흩어져 있다. 화성의 극지방과 표면 근처에 있는 얼음이 모두 녹으면 화성 표면 전체를 약 35미터 깊이로 덮을 수 있다고 한다. 그리고 지하 깊은 곳에는 훨씬 더 많은 얼음이 있을 것으로 보인다.

화성의 대기압과 온도에서는 표면에 액체 상태의 물이 안정적으로 존재할 수가 없다. 그런데 2006년 나사는 매우 흥미로운 사진을 공개했다. 화성궤도탐사선(Mars Global Surveyor, MGS)이 1999년과 2005년에 똑같은 지역을 촬영한 사진 두 장이었다. 재미있는 것은 1999년에 찍은 사진에는 보이지 않던 새로운 흔적이 2005년에 찍은 사진에는 뚜렷하게 보인다는 것이다. 이것은 지하에 있던 물이 표면으로 빠져나와 흘렀던 흔적으로 보인다.

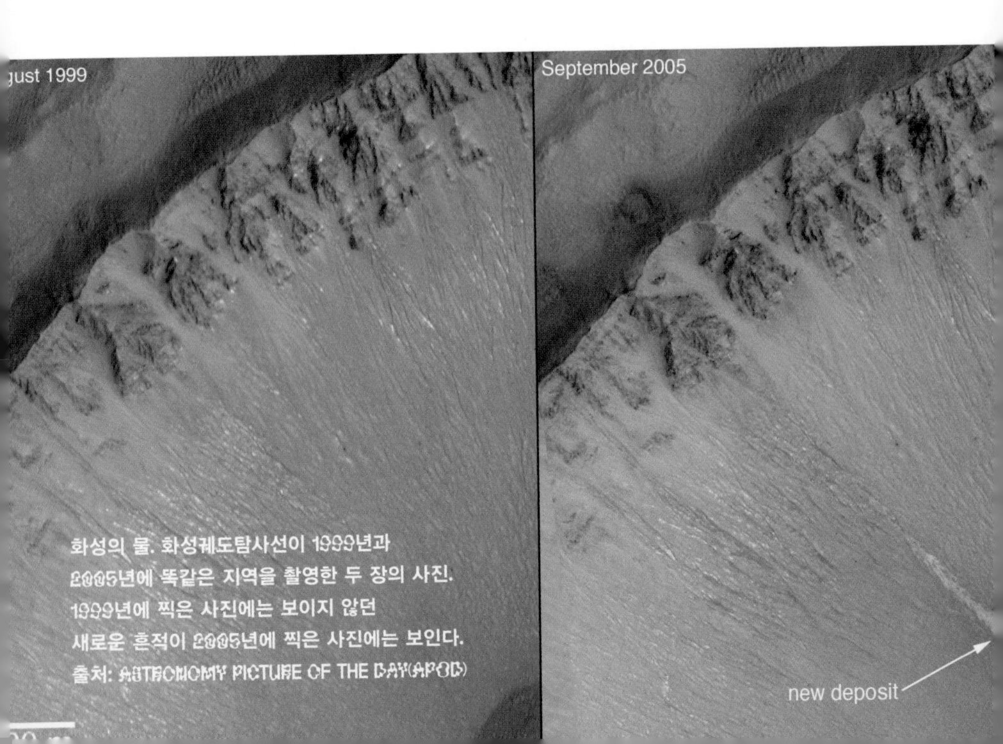

화성의 물. 화성궤도탐사선이 1999년과 2005년에 똑같은 지역을 촬영한 두 장의 사진. 1999년에 찍은 사진에는 보이지 않던 새로운 흔적이 2005년에 찍은 사진에는 보인다.
출처: ASTRONOMY PICTURE OF THE DAY(APOD)

2015년 9월 나사는 미리 예고까지 하는 '중대 발표'를 통해 드디어 화성에서 액체 상태의 물이 흐르고 있다는 강력한 증거를 발견했다는 사실을 발표했다. 상대적으로 따뜻한 화성의 일부 지역에서 계절에 따라 어두운 경사면이 나타났다가 사라지는 일이 반복되고 있었는데, 이것이 나트륨이나 마그네슘 등 염분을 포함한 물이 흐르며 생긴 현상이라는 증거를 확보한 것이다. 염분은 물의 어는점을 낮추기 때문에 물이 어는 온도보다 낮은 온도에서도 염분이 포함된 물은 액체 상태로 존재할 수 있다.

화성에서 물을 찾는 것은 21세기 초 화성 탐사의 가장 중요한 목표였다. 그리고 액체 상태의 물까지 발견해 냄으로써 그 목표는 매우 성공적으로 달성되었다. 이제 다음 목표는 화성에서 생명체를 찾아내는 것이다.

생명체의 가장 중요한 성분, 물과 탄소

생명체가 존재하기 위해서는 어떤 종류든지 액체가 필요하다. 생명을 유지하기 위해서는 생명체를 이루는 분자가 생명체 안팎으로 이동할 수 있어야 하는데, 분자는 고체를 통해서는 쉽게 이동하지 않으며 기체 상태에서는 쉽게 퍼져서 흩어져 버린다. 그러므로 분자를 구성하는 물질을 유지하거나 이동시키기 위해서는 액체가 반드시 필요하다.

그 액체가 반드시 물일 필요는 없지만 여러 모로 볼 때 물이 가장 유리하다. 물은 상당히 넓은 범위의 온도에서 액체 상태를

유지하고, 물 분자는 극성을 가지기 때문에 다른 액체들은 불가능한 화학결합을 할 수가 있다. 또한 물은 다른 액체와 달리 고체 상태인 얼음보다 밀도가 높다. 얼음이 물에 뜨는 것은 이 때문이다. 이런 물의 특별한 성질 덕분에 겨울에 연못이나 호수가 얼어도 그 밑에 물이 있어 생명이 생존할 수 있는 공간이 생기는 것이다. 그리고 무엇보다 화성에는 물이 얼마든지 있다. 만일 화성에 생명체가 존재한다면 그것은 거의 틀림없이 물을 이용하고 있을 것이다. 굳이 어렵게 다른 종류의 액체를 이용할 이유가 없다.

물론 물만 있다고 해서 생명체가 존재할 수 있는 조건이 모두 갖춰지는 것은 아니다. 생명체가 대사를 할 수 있는 에너지원이 있어야 하고, 세포를 이룰 수 있는 물질이 있어야 하고, 적당한 환경이 갖추어져 있어야 한다. 화성에는 액체 상태의 물이 있고, 과거에는 훨씬 더 많았다. 태양이 에너지원의 역할을 할 수 있으며 유기물도 존재하고 있다. 그리고 과거에는 자기장이 있어서 태양과 우주에서 오는 방사선을 보호할 수 있었기 때문에 생명체가 존재할 수 있는 대부분의 조건이 갖춰져 있었다. 이것이 화성에서 최소한 생명체의 흔적이라도 찾을 수 있을 것이라고 믿으며 탐사를 계속하고 있는 이유다.

지구에 있는 모든 살아 있는 유기체를 볼 때 물을 제외하면 생명체의 가장 중요한 성분은 탄소다. 단백질, 지방, 탄수화물, DNA와 같이 생명체를 구성하는 중요 분자 모두 탄소 원자의 긴 사슬에 수소, 산소, 질소와 같은 다양한 다른 원소가 붙어 있는 구조이기 때문이다. 탄소는 동시에 4개까지 다른 원소와 화학결합할 수 있는 능력을 가지고 있으며 종종 다른 탄소 원소와 강력한 이중 결합을 만들 수도 있기 때문에 생명체 구성에 가장 유리한 원소가 된다.

탄소 이외에 한 번에 네 원소와 결합할 수 있는 유일한 원소는 규소다. 그 때문에 규소가 주성분인 외계생명체가 SF영화나 소설에 종종 등장하기도 한다. 그러나 규소는 탄소에 비해 다른 원소와의 결합력이 너무 약하고 주로 고체 상태로만 존재하기 때문에 쉽게 추출되지도 않는다. 그렇지 않아도 생명체의 탄생은 쉽게 이루어질 수 있는 일이 아닌 것이 분명한데 더 쉬운 탄소를 두고 규소를 주성분으로 한 생명체가 등장했을 가능성은 거의 없다고 보아야 할 것이다. 실제 지구 표면에도 탄소보다 규소가 1000배 정도나 더 많지만 지구에 있는 생명체는 모두 더 풍부한 규소가 아니라 탄소에 기초하고 있다. 지구와 환경이 극단적으로 다른 외계 행성이라면 모를까, 태양계에서 지구와 함께 만들어진 화성에 생명체가 존재한다면 그것은 아마도 틀림없이 탄소를 기초로 하고 있을 것이다.

생명체의 가능성, 그리고 방사선

액체 상태의 물이 존재하는 화성에 과연 현재에도 생명체가 있을까? 2003년에는 화성의 대기에서 메탄이 발견되었다. 메탄은 불안정한 기체이기 때문에 메탄이 대기 중에 존재하려면 화성에 메탄을 만들어내는 원인이 있어야 한다. 운석의 충돌이나 지질학적 과정으로도 메탄이 만들어질 수 있지만 그것으로는 아주 적은 양의 메탄만 만들어낼 수 있을 뿐이다. 메탄은 생명체가 만들어내는 것일 가능성이 매우 높기 때문에 과학자들은 메탄의 양으로 생명체의 존재 가능성을 추측하고 있다. 수소에 비해 메탄의 양이 상대적으로 많으면 생명체가 존재할 가능성이 높다고 보고, 다른 별에서 발견된 외계행성에서의 생명체 존재 가능성을 이 방법으로 측정할 수 있다.

그런데 최근에는 화성에 실제로 메탄이 존재하는지에 대한 논쟁이 과학자 사이에서 일어나고 있다. 현재까지 화성에 메탄이 존재한다는 가장 확실한 근거는 화성 대기의 스펙트럼 분석에서 얻은 결과인데, 이것이 지구 대기에 의한 것일 수 있다는 주장이 있다. 그리고 큐리오시티 탐사선이 측정해보니 적어도 탐사선 근처에는 메탄의 양이 그렇게 많지 않다는 결과가 나오기도 했다. 현재 화성의 메탄을 조사하는 탐사 계획이 진행되고 있기 때문에 앞으로 더 자세한 내용을 알 수 있게 될 것이다.

2005년에는 유럽 우주국(European Space Agency, ESA)의 마스 익스프레스Mars Express 탐사선이 화성의 대기에서 미량의 포름알데히드를 발견했다. 포름알데히드는 메탄이 산화될 때 부산물로 만들어질 수 있는데, 메탄이 산화되는 과정은 지질 활동이 활발하거나 미생물이 활동할 때 주로 일어난다. 그러므로 포름알데히드의 존재는 화성이 지질학적으로 아주 활동적이거나 아니면 미생물이 존재한다는 증거가 될 수 있다. 그러나 나사의 과학자들은 포름알데히드의 존재에 대해서는 계속 연구할 가치가 있긴 하지만, 그것이 생명체의 증거가 될 수 있다는 주장은 너무

성급하다고 말한다.

화성의 생명체에 대해서 조사할 수 있는 또 하나의 좋은 대상은 화성 운석이다. 화성 운석은 소행성이나 혜성이 화성에 충돌할 때 화성에 있던 돌이 우주 공간으로 날아가 떠돌아다니다가 지구의 중력에 이끌려 지구로 떨어진 운석을 말한다. 2014년 3월까지 지구에서 발견된 약 6만여 개의 운석 중에서 132개가 화성 운석으로 밝혀졌다. 이 운석은 구성 성분이 화성의 돌과 대기의 구성 성분과 비슷하기 때문에 화성에서 왔다는 것을 알아낼 수 있다.

이 화성 운석 중에서 어떤 것은 생명체의 흔적을 가지고 있는 것처럼 보이기도 한다. 그 중에서 가장 대표적인 것은 1984년 남극에서 발견된 ALH 84001(남극의 알란 힐Allan Hill에서 1984년에 첫째로 발견된 운석이라는 의미)이다. 이 운석은 화성에서 약 1600만 년 전에 떨어져 나와서 약 1만 3000년 전에 지구 남극의 얼음 위에 떨어진 것으로 보인다. 나사는 이 운석에 포함된 자철석 중에서 약 25퍼센트가 일정한 크기의 작은 결정으로 이루어진 자철석이라는 사실을 발견했는데, 이것은 지구에서는 항상 특정한 미생물과 연관되어서만 발견되는 것이다.

ALH 84001에서는 남극에서 발견된 다른 운석에서는 발견되지 않은 다륜성 방향족 탄화수소(polycyclic aromatic hydrocarbons, PAHs)가 발견되었다. 이는 미생물과 생물이 죽어서 분해되는 과정에서 생길 수 있는 것이다. PAHs는 운석의 표면에서 안쪽으로 들어갈수록 양이 더 많아진다. 지구에서 오염된 것이라면 표면에 가장 많을 것이기 때문에 이것은 지구에서 오염된 것은 아니라는 사실을 알 수 있다. 하지만 PAHs를 생명체의 증거로 받아들이기에는 부족한 면이 많기 때문에 여기에 대해서는 더 많은 연구가 필요하다.

ALH 84001을 전자현미경으로 분석한 사진에는 박테리아와 비슷한 모양의 구조도 보인다. 이것의 크기와 모양은 지구의 나노박테리아 화석과 매우 유사하다. 하지만 나노박테리아 자체가 실제로 존재하는지는 아직도 논란이 되고 있다. 이것 외에도 생명체의 존재 가능성을 보여주는 운석이 몇 개 더 있지만 어떤 것도 확실한 증거로 볼 수는 없다.

그런데 사실 화성의 생명체가 얼마나 오랫동안 살아남을지 결정하는 가장 중요한 요소는 방사선이다. 현재의 화성은 자기장이 없기 때문에 태양과 우주에서 오는 방사선을 막아주지 못한다. 그 결과 화성은 지구보다 태양에서 훨씬 더 멀리 있지만 화성 표면의 방사선은 지구의 100배나 된다. 지구에 있는 어떤 생명체의 세포도 견딜 수 없는 수준이다. 최근의 연구에 따르면 독자적으로 생존 가능한 세포가 방사선의 지속적인 공격을 피하려면 화성의 지하 7.5미터보다 더 깊은 곳에 있어야 한다. 지구에서 방사능에 가장 강한 박테리아도 화성 표면에서는 1만 8000년이면 멸종해 버리고, 화성 탐사선이 탐사 가능한 깊이인 지하 2미터에서도 최대 50만 년밖에 유지될 수 없다.[8] 현재의 화성은 분명히 생명체가 존재하기에는 매우 열악한 환경이다.

비록 현재 화성 표면에서 살아 있는 생명체를 발견할 가능성은

8. Lovet, Richard A., "Mars life may be too deep to find. Experts Conclude." National Geographic News, February 2, 2007.

높지 않아 보이지만 방사선을 피할 수 있는 지하 깊은 곳에서는 아직 살아 남은 생명체가 있을 수도 있다. 그리고 과거에는 화성 표면에서도 생명체가 존재했을 가능성이 매우 높기 때문에 적어도 화성 표면에서 과거 생명체의 흔적을 찾을 수 있는 가능성은 여전히 충분하다.

움직이는 실험실, 큐리오시티

오래 전부터 생명체가 존재할 것이라고 여겨지던 화성은 당연히 우주 탐사선의 가장 중요한 목표 지점이었다. 금성을 제외하고는 지구에 가장 가까이 있는 행성인데다 금성은 짙은 대기 때문에 탐사가 사실상 불가능한데 비해 화성은 상대적으로 탐사하기에 좋은 조건을 가지고 있는 것도 중요한 이유였다.

화성 탐사선은 1960년대부터 미국과 소련에서 경쟁적으로 발사되었는데, 처음으로 성공적인 자료를 보내온 것은 1964년 미국이 발사한 매리너 4호였다. 그리고 1976년에는 바이킹 1호와 2호가 화성에 처음으로 착륙하는 데 성공했다. 바이킹의 주요 임무는 화성 표면의 고해상도 영상 획득, 대기와 표면의 구조와 조성 규명, 화성 생명체의 증거 발견 등이었다.

바이킹의 착륙선은 카메라를 비롯해서 화성의 생물학, 화학조성, 기상, 지진, 자기장 등 표면과 대기의 모습과 물리적인 성질을 알아낼 수 있는 여러 가지 기기를 싣고 있었다. 3미터 길이의 로봇 팔이 퍼낸 흙을 내부 실험실로 옮겨 분석했다. 표본을

화성을 탐사하고 있는 큐리오시티. 큐리오시티가 직접 찍은
55장의 사진을 합쳐서 만든 것이다. 출처 : NASA JPL 홈페이지

가열한 후 물과 영양분을 첨가하여 박테리아와 같은 유기체가 증식할 수 있는 환경을 만들어서 생명체의 존재 여부를 조사했다. 그러나 애초의 기대와는 달리 착륙선 두 대 모두 생명체의 증거를 찾아내지는 못했다.

화성 탐사는 이후에도 꾸준히 이어졌다. 1996년에 발사된 화성궤도 탐사선은 화성 표면의 지도를 처음 완성했고, 2005년에 발사된 화성정찰 위성은 화성의 상세한 지도를 그렸다. 현재 인터넷에서 제공되는 화성 지도인 구글 마스Google Mars는 화성의 표면을 놀라울 정도로 자세하게 보여주고 있다.

1997년, 이동식 탐사선인 소저너Sojourner호를 실은 착륙선 패스파인더Pathfinder호가 바이킹 이후 21년 만에 다시 화성에 착륙했다. 패스파인더호의 등에 실려 있던 소저너호는 패스파인더호에서 굴러 내려가서 주위 50미터 거리를 움직이며 수백 개의 영상을 지구로 보냈다. 이후 2004년에는 스피릿Spirit과 오퍼튜니티Opportunity, 2008년에는 피닉스Phoenix 그리고 2012년에는 큐리오시티Curiosity가 차례로 화성에 착륙했다. 이 중에서 오퍼튜니티와 큐리오시티는 2014년 현재까지 활동을 계속하고 있다.

큐리오시티는 소저너, 스피릿과 오퍼튜니티에 이어 화성에 착륙한 네 번째 이동식 탐사선이다. 큐리오시티는 2011년 11월 26일에 미국 커네버럴 기지에서 발사되어 2012년 8월 6일 화성의 게일 크레이터에 무사히 착륙했다. 큐리오시티는 높이 2.2미터, 길이 2.9미터이며 질량은 900킬로그램이나 된다. 높이 1.5미터, 길이 1.6미터, 질량 180킬로그램인 오퍼튜니티와 비교하면 그

규모를 실감할 수 있을 것이다.

큐리오시티는 하나의 움직이는 실험실이라고 할 수 있다. 큐리오시티에는 모두 17대의 카메라가 탑재되어 있다. 가장 높은 곳에 위치한 카메라는 고해상도의 사진을 촬영하여 화성 표면의 특이한 지점을 찾는다. 특이한 뭔가가 발견되면 적외선 레이저로 그것을 증발시킨 다음 스펙트럼으로 분석하여 성분을 조사한다. 더 조사할 필요가 있다고 판단되면 2.1미터 길이의 팔을 움직여 현미경과 X선 분광기로 더 자세히 살펴본다. 이것을 더 자세히 조사하고 싶으면 드릴로 가루를 만들어서 탐사선 안에 있는 실험실로 가져와 분석할 수 있다.

큐리오시티는 화성의 지질과 기후를 조사하고, 생명체가 존재할 수 있는 환경을 갖추고 있는지 알아보고, 앞으로 있을 화성 유인 탐사를 위한 사전 조사를 수행하는 등의 임무를 띠고 있다. 그러나 무엇보다도 가장 중요한 임무는 화성에 과연 과거에 미생물이 존재했는지를 알아보는 것이다.

큐리오시티는 드릴로 바위를 뚫어 샘플을 채취하여 화성이 수십억 년 전에는 생명체가 살 수 있는 환경이었다는 사실과 큐리오시티가 착륙한 지점은 화성의 역사 동안 여러 번 물에 잠겼던 곳이라는 사실을 알아냈다. 그리고 화성의 물은 그냥 마셔도 문제가 없을 정도로 독성이 없다는 사실도 알아냈다.

큐리오시티는 2년 동안 약 9킬로미터를 달려 바람에 의한 침식 작용으로 거대한 퇴적층을 가지고 있는 샤프 산에 도착했다. 큐리오시티는 이 산의 지층을 조사해 생명체의 흔적과 화성의 역사를 보여주는 자료들을 조사하게 될 것이다. 탐사선이 보내주는 자료들을 분석하는 데에는 매우 많은 시간과 노력이 필요하다. 그리고 분석 기술이 발전하면서 예전에는 미처 알지 못했던 새로운 사실이 밝혀지기도 한다. 최근에는 바이킹에서 얻은 자료를 새롭게 분석한 결과가 발표되기도 했다. 큐리오시티는 앞으로도 상당히 오랜 기간 동안 좋은 자료를 많이 보내줄 것이기 때문에 우리는 화성에 대해 더욱 더 많은 사실을 알 수 있게 될 것이다.

화성 탐사는 앞으로도 계속 이어질 것이다. 유럽우주국은 엑소마스ExoMars를 2016년에, 나사는 마스2020을 2020년에 발사할 예정이다. 큐리오시티보다도 훨씬 더 발전된 장비를 갖춘 이 탐사선들은 화성의 생명체에 대한 더 확실한 단서를 제공해 줄 것으로 기대된다.

실패의 연속, 화성 탐사

지금까지 많은 탐사선이 화성의 궤도를 돌거나 착륙해 임무를 수행했지만 그에 못지않게 실패한 탐사선도 많다. 실제 1960년 이후 현재까지 화성으로 우주선 40여 개가 발사되었지만 성공률은 50퍼센트 정도밖에 되지 않는다. 인간의 화성 탐사를 화성인이 방해하고 있다거나 화성을 상징하는 전쟁의 신이 인간의 접근을 막고 있다는 말이 나올 정도로 여느 행성 탐사와는 비교할 수 없을 만큼 재난이 끊이질 않았다. 특히 초기의 화성 탐사 계획은 실패로 돌아간 것이 대부분이다.

최초의 화성 탐사 계획인 소련의 마스닉Marsnik 계획은 실패의 연속이었다. 1960년에 발사된 두 대와 1962년에 발사된 두 대의 우주선은 지구를 채 벗어나지도 못하고 실패했다. 1962년 말에 발사된 마스 1호는 화성을 향하는 데에는 성공했지만 화성으로 가던 도중에 통신이 두절되었고, 1964년에 발사된 탐사선 두 대도 모두 화성에 도달하지 못했다. 1970년대에도 소련은 지속적으로 화성 탐사를 시도했지만, 1973년에 발사한 탐사선 네 대 중 마스 5호만이 궤도에 진입하는 데 성공했을 뿐이었다.

미국의 화성 탐사 성적은 소련보다는 훨씬 좋았다. 1964년에 발사된 미국 최초의 화성 탐사선 매리너 3호는 발사 과정에서 덮개인 페어링이 분리되지 않아 실패했지만, 매리너 4호는 7개월 반 동안 비행 후 1965년 7월에 화성을 근접 통과하는 데 성공했다. 이후 1971년에 발사된 매리너 9호까지 이어진 화성 탐사는 매리너 8호를 제외하고는 모두 성공했다. 현재까지 화성에 탐사선을 무사히 착륙시킨 나라는 미국뿐이다.

화성 탐사 실패는 우주 탐사 기술과 경험이 상당히 축적된 1980년대 이후에도 계속 이어졌다. 그 중에는 어이없는 실수로 인한 것도 있다. 1988년 소련이 발사한 포보스Phobos 1호는 발사 두 달 후 화성으로 가는 도중 엔진을 정지하라는 명령을 사고로 보내어 지구에서 1900만 킬로미터 거리에서 실종되고 말았다. 나사가 1998년 12월에 발사한 마스 클라이밋 오비터Mars Climate Orbiter는 이듬해 9월 화성에 도착하여 엔진을 점화하고 화성

궤도에 진입하던 도중 궤도 각도 오류로 화성 표면을 향해 그대로 돌진했다. 이것은 이 우주선에 개발에 관여한 두 팀이 서로 다른 단위를 사용하는 바람에 생긴 어이없는 사고였다.

2014년 9월에는 인도의 화성탐사선 망갈리안Mangalian이 화성 궤도에 진입하는 데 성공했다. 이것으로 인도는 미국, 유럽연합(EU), 러시아에 이어 화성에 우주선을 보낸 네 번째 나라가 되었으며, 화성 탐사선 발사 첫 시도에서 성공한 첫 번째 나라가 되었다.

화성에 발을 디딜 가능성은?

이렇게 수많은 실패 사례는 화성 탐사가 결코 쉬운 일이 아니라는 사실을 잘 보여주고 있다. 무인 탐사선이 이 정도라면 화성에 사람을 직접 보내는 유인 탐사는 비교할 수도 없을 정도로 어려운 일일 것이다. 인류는 1969년 달 착륙에 성공했지만, 그로부터 40년이 훨씬 지나도록 화성 유인 탐사는 엄두도 내지 못하고 있다.

우선 화성은 달에 비해서는 너무나 멀리 있다. 달까지 도착하는 데에는 2~3일 정도면 충분하지만 현재 화성 탐사선이 발사 후 화성에 도착하기까지는 8개월이 넘게 걸린다. 이렇게 오랫동안 좁은 우주선 안에서 여행하는 것은 그 자체만으로도 보통 일이 아니다.

달은 지구의 주위를 돌기 때문에 언제든지 돌아올 수 있지만, 화성은 지구 바깥에서 태양의 주위를 돌기 때문에 지구와 멀어져 있는 상태에서는 돌아올 수가 없다. 화성이 지구와 다시 가까워지는 시기를 기다려야 하는데 이 간격을 회합주기라고 한다. 지구와 화성의 회합주기는 약 26개월이기 때문에 화성을 탐사한 우주인이 지구로 돌아오기 위해서는 화성에서 2년에 가까운 시간을 기다려야 한다. 왕복 시간과 화성에 머무는 시간을 합치면 화성 유인 탐사를 완성하기 위해서는 3년 이상이 걸린다는 이야기가 된다. 물론 여행 경로 설계를 잘 하면 이 시간을 줄일 수도 있겠지만 기본적으로 왕복하는 시간만 하더라도 1년이 훨씬 넘기 때문에 화성 유인 탐사는 결코 쉬운 일이 아니다.

우주 공간에는 태양과 우주에서 방출된 고에너지의 방사선이 매우 강한데 우주비행사가 이런 방사선에 장시간 노출되면 아주 위험하다. 특별한 방어 장치가 없다면 화성으로 가는 8개월 동안 우주비행사가 받게 되는 방사선의 양은 핵발전소 근무자가 1년 동안 받을 수 있는 한계치의 15배가 넘는다. 화성 표면에서 받는 방사선의 양도 엄청나고 다시 돌아올 때도 방사선을 받게 된다. 방사선 문제는 화성 유인 탐사를 위해 가장 먼저 해결해야 할 일이다.

약한 중력 상태에 오래 머물게 되는 것도 건강에 치명적일 수 있다. 무중력 상태에서는 뼈가 약해지기 때문에 화성까지 무중력 상태로 여행한다면 아무리 화성의 중력이 지구의 3분의 1밖에 되지 않는다 하더라고 바로 적응하기 어려울 것이다. 이런 문제를 해결하는 가장 좋은 방법은 영화에서 많이 사용하는 것처럼 원심력으로 인공 중력을 만드는 우주선을 이용하는 것이다.

하지만 화성 역시 중력이 약하기 때문에 화성 여행을 무사히 마치고 돌아온다 하더라도 지구 중력에 적응하기 위해서는 상당 기간 동안 치료를 받아야만 할 것이다.

오랜 여행 동안 필요한 음식과 물, 호흡을 위한 산소를 가지고 가는 것도 보통 일이 아니다. 물의 재활용과 산소의 농도 조절 등을 위한 생명 유지 장치가 필수인데 우주 공간에서 고장이라도 난다면 치명적인 결과로 이어질 것은 너무나 당연하다.

오랜 시간 동안 고립된 생활을 해야 하는 것도 어려운 문제가 될 것이다. 화성은 지구에서 너무나 멀리 있기 때문에 화성과 지구 사이에는 실시간 통신이 불가능하다. 빛이 지구에서 화성까지 가는 데에는 짧게는 5분에서 길게는 20분이 걸린다. 인사를 서로 주고받는 데만도 최소한 10분이 걸린다는 말이다. 지구와의 실시간 통신이 불가능한 상황에서 느끼는 고립감을 극복할 수 있는 것도 화성 유인 탐사선 우주비행사의 중요한 자격이 될 것이다.

이런 많은 어려운 문제가 있겠지만 인류는 틀림없이 이런 문제들을 극복하고 화성 유인 탐사에 성공할 것이다. 2015년 10월 나사는 화성에 사람을 보내는 단계적인 계획을 새롭게 발표했다. 이 발표는 화성 유인 탐사를 소재로 한 영화 ‹마션›의 개봉 시기와 겹쳐 특히 주목받았다.

우선 국제우주정거장에서 우주여행에 필요한 기술을 테스트하고 약한 중력이 사람의 몸에 어떤 영향을 미치는지 연구한다. 장시간의 우주여행을 견딜 수 있는 방법도 아직은 확보되지 않은 것이다. 다음은 먼 우주에서 우주비행사들이 무사히 지구로 돌아오는 과정을 훈련한다. 이 훈련은 주로 지구와 달 사이의 공간에서 이루어질 것이다.

최종 목표는 당연히 화성에 사람을 보내는 것이다. 이 목표를 이루기 위해서는 적어도 15년이 넘는 시간이 걸릴 것으로 보인다. 화성 착륙에 앞서 먼저 화성 궤도에 머물다 돌아오는 과정이 필요할 것이다. 착륙은 이보다 훨씬 더 어려운 문제다. 거의 1톤에 가까운 큐리오시티를 화성 표면에 안전하게 착륙시키는 장면은 무척 인상적이다. 하지만 사람을 태운 탐사선의 무게는 이보다 훨씬 더 무거울 것이다. 그리고 그 탐사선은 화성에서 이륙하여 다시 지구로 돌아와야 한다.

화성에 발을 디디기 위해서는 해결해야 할 문제가 아직 너무나 많다. 그렇게 많은 문제를 어느 한 나라에서 모두 해결할 수는 없을 것이다. 따라서 인류가 힘을 합쳐서 이룰 수 있는 훌륭한 목표가 될 수 있을 것이다.

이 넓은 우주에 생명체가 존재하는 곳이 평범한 은하의 평범한 별 주위를 돌고 있는 지구뿐일 리는 없다. 우리는 언젠가는 지구 이외의 다른 곳에 살고 있는 생명체를 분명히 만나게 될 것이다. 그날은 우리 인류에게는 천동설이 지동설로 바뀐 사건만큼이나 역사적인 사건이 될 것이다. 그리고 그럴 가능성이 가장 높은 후보지는 여전히 우리의 이웃 행성인 화성이다.

외계행성을 찾는 여섯 가지 방법
4

외계행성을 찾는 여섯 가지 방법

칠레의 밤하늘, 쉴 새 없이 깜박이는 망원경

칠레의 어느 산 정상, 칠흑 같은 밤이 오면 셀 수도 없을 만큼의 많은 별로 밤하늘은 수놓아진다. 은색의 돔이 열리면 밝고 어둡고 푸르고 붉은 별들은 나를 먼저 봐달라는 듯이 더 다채롭게 빛난다. 수많은 별 사이로 은하수가 흐르고, 뱀과 씨름을 하고 있는 땅꾼이 전갈에 쫓겨 당황해하는 모습을 보면 이제 저 먼 미지의 우주 속으로 떠날 시간이 된다. 미치도록 아름다운 밤이건만 감상할 틈도 없이 바삐 손을 놀려야 할 때다. 웅웅거리는 소리와 함께 육중한 망원경이 눈을 뜨고 밤을 맞이할 준비를 한다.

이제 오늘의 첫 관측이 시작된다. 붉은 햇살은 이미 서쪽마루 너머로 내려간 지 오래다. 동쪽마루 위로 슬며시 고개를 내민

미리내의 심장을 향해 망원경의 큰 눈이 돌아간다. 1억 개의 별빛을 한 번에 담을 수 있는 망원경의 큰 눈은 쉴 새 없이 깜박이며 저장장치에 별빛을 담는다. 오늘 밤에만 200번 넘게 깜박이어야 쉴 수 있다. 방해꾼만 없다면.

북서쪽 먼 하늘 끝에 희끄무레한 무언가가 걸려 있다. 방해꾼의 등장이다. 득달같이 달려온다면 한 시간도 안 걸릴 거리다. 수시로 방해꾼 녀석의 상태를 체크해야만 한다. 오늘은 심하게 괴롭히지는 않고 잠시 들렀다 갈 모양이다. 다행이다. 그 덕분에 잠시 숨돌릴 틈이 생겼다. 쉴 새 없이 일하던 망원경도 잠시 쉬며 숨을 고른다.

우리나라 정반대편에 위치한 남북 길이 4300킬로미터의 칠레를 향한 여정은 나라 길이만큼이나 길고 험난하다. 우리나라에서 바로 가는 비행 편이 없는 관계로 미국이나 호주를 거쳐 칠레의 수도 산티아고Santiago에 도착한다. 산티아고에 도착한다고 끝이 아니다.

우리나라 외계행성탐색 프로젝트인 KMTNet(Korea Microlensing Telescopes Network) 칠레 망원경이 위치한 곳은 산티아고에서 북으로 약 470킬로미터 떨어진 라세레나라고 하는, 작지만 오래된 도시다. 산티아고에서 비행기로 약 한 시간 정도 날아가야 하는데, 운 좋으면 비행기 동쪽 창밖으로 우리의 KMTNet 망원경과 외국 망원경이 산봉우리 위에 옹기종기 모여 있는 CTIO(Cerro Tololo Inter-American Observatory) 지역을 볼 수 있다. 라세레나에 도착 후 다시 차로 한 시간 반 정도 선인장이 가득한 산길을 가야 CTIO에

칠레의 KMTNET 망원경 돔 위를 지나가는 별똥별과 은하수. 출처: 전영범 한국천문연구원

도착한다. 우리나라에서 출발한 지 만 이틀이 안 되는 약 45시간 만에 CTIO에 도착하면, 무엇보다도 안데스 산맥의 웅장함에 넋을 잃는다. 약 2100미터의 높은 고지에 위치한 CTIO지만, 안데스 산맥에서 보면 그저 작은 언덕에 지나지 않는다.

세계에서 손꼽히는 가장 맑은 하늘을 가지고 있는 CTIO에는 4미터 크기의 블랑코Blanco 망원경을 비롯해 10여 대가 넘는 망원경이 모여 있다. 이 중에서 한국천문연구원의 KMTNet 망원경은 직경 1.6미터 크기로 CTIO에 있는 망원경 중 둘째로 크다. 적도의식 망원경인 KMTNet 망원경은 미세중력렌즈 현상을 이용한 외계행성 찾기에 특화되어 있다. 한 번에 볼 수 있는 시야가 무려 4평방도(2도×2도)로, 달이 16개-보름달의 시직경은 약 0.5도다-가 들어가는 광시야망원경으로 우리 은하 중심의 수많은 별을 동시에 봄으로써 미세중력렌즈 현상을 일으키는 별을 최대한 많이 찾아낼 수 있다.

이를 위해 CCD(Charged Coupled Device) 카메라를 특별히 제작했고, 네개의 8100만(9K×9K) 화소 CCD를 붙인 전체 3억 4000만(9K×9K×4) 화소의 초고화질 카메라를 장착했다. 어느 정도의 화질인지 비교해보면, 요즘 나오는 스마트폰의 레티나 영상보다는 약 10배 더 좋고 현재 최고화질인 UHD TV보다는 약 5배 더 화질이 좋은 엄청난 성능의 카메라다. 한 장 찍을 때마다 약 650메가 용량의 이미지가 생성되어 하루에 약 160기가 이상의 어마어마한 사진 데이터가 쌓이게 된다.

KMTNET 망원경

우주 어딘가에 있을지 모를 또 다른 생명체를 찾기 위해

우리가 살고 있는 지구에는 육지와 해양생물을 합쳐 약 870만 종의 생명체가 살고 있다.[1] 지구의 총 면적은 약 5.1억제곱킬로미터 (~4×π×6371제곱킬로미터)이니 대략 60제곱킬로미터 안에 한 개의 종이 살고 있는 셈이다 (육지생물~ 24제곱킬로미터/종, 해양생물~ 162제곱킬로미터/종). 지구에 살고 있는 생명체 중 하나인 인간을 예로 들어보자. 현재 세계 인구수는 약 7억 명이므로 1제곱킬로미터 안에 14명 정도 살고 있다. 870만 종의 평균 개체수를 인류의 1/10로만 잡아도 1제곱킬로미터 안에 120만의 개체가 살고 있을 정도로 높은 개체 밀도수를 갖는다. 참 빽빽한 세상이 아닐 수 없다.

우주의 크기는 상상하기 어려우리만큼 매우 크다. 그보다 훨씬 작은 크기인 우리 은하만 생각해봐도 빛의 속도(~3×10^8m/s)로 10만 년을 날아가야 할 만큼의 거대한 지름을 가졌다. 우리 은하에 속해 있는 별은 약 2000억 개이며, 이 별 중 하나가 바로 태양이다. 태양은 8개의 행성(태양과 가까운 순서대로 수성, 금성, 지구, 화성, 목성, 토성, 천왕성, 해왕성)을 갖고 있으며, 각 행성도 지구의 달과 같은 위성들을 거느리고 있다.

아직까지는 태양계의 행성과 위성 중에서 생명체가 있는 곳은 지구 하나밖에 없지만, 태양계 탐사가 계속 진행이 된다면 생명체까지는 아니라도 흔적은 발견될 수 있을지 모른다. 앞서 언급한 지구 생명체의 높은 개체 밀도 수에 비하면 우주에서의 개체 밀도수는 거의 0에 가깝다. 그렇기에 이 광활한 우주

1. Camilo et al. 2011

어딘가에 생명체의 존재가 더욱 기대되고 있다. 이 넓은 우주에 우리만 살아간다면 너무 심한 공간의 낭비가 아닐는지.

이 우주 어딘가에 있을지 모를 또 다른 생명체를 찾기 위한 노력은 바닷가 모래사장에서 진주를 발견하는 것보다 어려울지 모른다. 그래서 천문학자는 우선 생명체가 살 수 있는 행성을 찾으려 한다. 진주를 찾기 위해서는 먼저 모래사장을 찾아야 하는 것처럼. 하지만 이보다 더 어려운 점은 행성의 주변에 엄청나게 밝은 별이 대부분 있는데 행성으로부터 나오는 빛은 너무나도 미미해 거의 보이지 않는다는 것이다. 천문학은 우주의 빛을 관측하고 그 현상을 이해하려는 학문이다. 그런데 보이지 않는 외계행성을 관측하려고 하니 더욱 어려울 수밖에 없다. 하지만 이런 어려움에도 불구하고 외계행성 탐색 방법에 대한 연구가 진행되었고, 지금도 더 나은 방법을 통해 더 많은 외계행성을 찾으려고 시도하고 있다.

외계행성의 수는 수천억×수천억 개

처음 태양계 바깥에 있는 외계행성을 발견하고 나서 20여 년이 지났다. 발견 초기에는 외계행성이 존재한다면 과연 얼마나 많은 외계행성이 우주 공간에 존재하고, 지구와 같이 생명체가 살 수 있는 외계행성이 있을까에 대한 질문들이 쏟아졌다. 20년이 흐른 지금도 비슷한 질문이 나오긴 하지만 태양계 바깥 우주에도 수많은 외계행성이 존재한다는 인식은 이제 정착된 것 같다.

현재까지 발견된 우리 은하 내의 외계행성 수가 거의 2000개에 육박하고 있기 때문이다. 태양계에만 8개의 행성이 존재하는데 우리 은하에 약 2000억 개의 별이 있으니 간단히 생각해도 우리 은하 안에 존재하는 외계행성은 수천억 개가 될 수 있다. 우주에 있는 은하의 수가 수천억 개이니 그럼 우주를 통틀어 외계행성의 수는 수천억×수천억 개가 되는 셈이다. 그렇기에 지구처럼 생명체가 살 수 있는 외계행성도 우주 어딘가에 존재할 것이라는 기대감도 더 커진다.

외계행성을 분류할 때 태양계의 행성을 기준으로 지구처럼 흙이나 바위 같은 고체의 표면이 있는 작은 행성을 지구형 행성이라 부르고, 목성처럼 거대하고 가스로 이루어진 행성을 목성형 행성이라 부른다. 지구형 행성 중에 지구의 크기와 비슷하거나 다소 큰 외계행성을 '슈퍼지구(super-Earth)'라는 별명으로 부르기도 한다. 지구형 행성에 비해 목성형 행성의 크기가 월등히 크기 때문에 발견된 지구형 행성의 수는 그리 많지 않다. 하지만 태양계의 경우를 봤을 때 비슷한 비율로 존재하지 않을까 생각하고 있다. 단지 발견되기 어렵기 때문에 지구형 외계행성의 비율이 낮을 수 있다.

지구형 외계행성의 발견에 더욱 열을 올리는 이유는 목성형 외계행성에 비해 생명체가 살 수 있는 환경에 좀 더 가깝다고 생각하기 때문이다. 태양계 내의 행성을 보면 수성, 금성, 지구 그리고 화성까지 태양에 근접해 있는 네 행성은 지구형 행성이고, 나머지 네 행성, 목성부터 토성, 천왕성, 해왕성은 태양계 외곽에 있는 목성형 행성이다. 태양으로부터의 거리가 멀어질수록 태양에너지를 적게 받고, 행성 표면의 온도도 감소한다. 에베레스트 산과 같이 아주 높은 산을 찍은 사진을 보면, 산의 어느 부분을 지나 산꼭대기까지는 1년 내내 하얀 눈으로 덮여 있는 만년설을 볼 수 있다. 산의 밑자락은 영상의 온도지만 산 정상으로 올라갈수록 대기의 온도가 점차 내려가 어느 높이에 도달하면 물이 얼음이 되는 '0'도에 도달하고 그 이상 올라가면 영하의 온도가 되어 내린 눈이 녹지 않는 만년설이 생긴다. 이렇게 산에서 만년설의 가장 낮은 지점을 설선(snow line)이라고 하는데 이 개념을 외계행성에서도 사용한다.

우주공간에 어떤 별이 있을 때 그 별의 에너지는 거리에 따라 감소하고, 어느 일정 거리가 되면 별에서부터 나오는 에너지가 거의 미치지 못해 물이 얼음이 되는 0도 지점이 있게 된다. 이를 그 별의 설선이라고 하며 태양의 경우 5천문단위(AU)로, 목성의 바로 앞이다.

이 설선은 행성의 형성에도 매우 중요한 역할을 한다. 설선의 안쪽에 있는 행성의 씨앗은 상온으로 인해 암석이 주가 되고, 설선 바깥쪽에 있는 행성의 씨앗은 영하로 인해 얼음이 주가 되기 때문이다. 따라서 천문학자들은 이 설선이 지구형 행성과 목성형 행성의 형성을 구분 짓는 중요한 지점이 된다고 생각하고 있다. 설선은 별에 따라 달라지는데 질량이 작고 어두운 별의 설선은 별에 근접하게 되고, 반대로 질량이 무겁고 밝은 별의 설선은 별에서 멀어지게 된다.

설선과 비슷한 개념으로 생명체 거주가능 영역이 있다. 지구처럼 생명체가 살아가기에 적합한 환경을 지닌 공간을 말하며, 주로 상온의 물이 존재할 수 있는 곳이다. 또한 이 영역 안에 있는 행성을 생명체 거주가능 행성이라고 한다. 태양계의 거주가능 영역은 대략 0.9~1.5천문단위이며 이 안에 해당하는 행성은 지구가 유일하다. 학자들에 따라 좀 더 넓은 거주가능 영역을 제시하여 금성이나 화성까지도 태양계 내의 거주가능 행성으로 말하는 경우도 있다.

거주가능 영역 역시 모성의 밝기에 따라 달라진다. 태양의 밝기보다 어두운 별의 거주가능 지역은 별에 훨씬 더 근접되지만, 밝은 별은 지구의 위치보다 더 먼 곳이 거주가능 지역이 된다. 따라서 발견된 외계행성의 절대적 크기보다는 모성의 밝기에 따른 모성까지의 거리가 매우 중요하며 이를 통해 생명체 거주가능 영역에 존재하는 행성인지를 판단한다.

외계행성, 케플러-186F

매년 급격하게 늘어나고 있는 외계행성은 2015년 10월 현재 총 1969개다. 옆의 그래프는 연도별 외계행성 탐색 방법에 따라 발견된 외계행성 개수의 막대그래프다. 그래프에서 보면 케플러 위성 덕택으로 2014년에 크게 증가되었으며 매년 발견된 외계행성의 수가 점차 증가되고 있는 것을 볼 수 있다. 이 중 거주가능 지역에 있는 외계행성은 발견된 외계행성의 약

1퍼센트에 해당하는 31개밖에는 되지 않는다.

그럼 이 거주가능 지역에 있는 외계행성 중 지구와 가장 크기가 비슷한 외계행성은 얼마나 될까? 2014년 3월, 미국 나사는 '최초로 거주가능 지역에 있는 지구와 거의 비슷한 크기를 가지는 외계행성인 케플러-186f를 발견했다'고 발표했다. 케플러-186f는 지구 크기의 약 1.1배로 지구로부터 약 500광년 정도 떨어져 있으며 약 130일을 주기로 모성을 돌고 있다. 모성인 케플러-186은 태양 질량의 절반 정도밖에 되지 않고 표면 온도도 태양의 약 70퍼센트인 3800도 정도로 낮다. 하지만 케플러-186f는 모성으로부터 약 0.4천문단위 떨어져 있어 충분히 모성으로부터 에너지를 받을 수 있고, 그로 인해 생명체가 존재할 가능성이 매우 높다고 추측하고 있다.

케플러-186f가 발견되기 전에 지구와 크기가 가장 비슷한

외계행성 탐색 방법에 따른 발견된 연도별 외계행성 개수(출처: NASA/JPL-CALTECH)

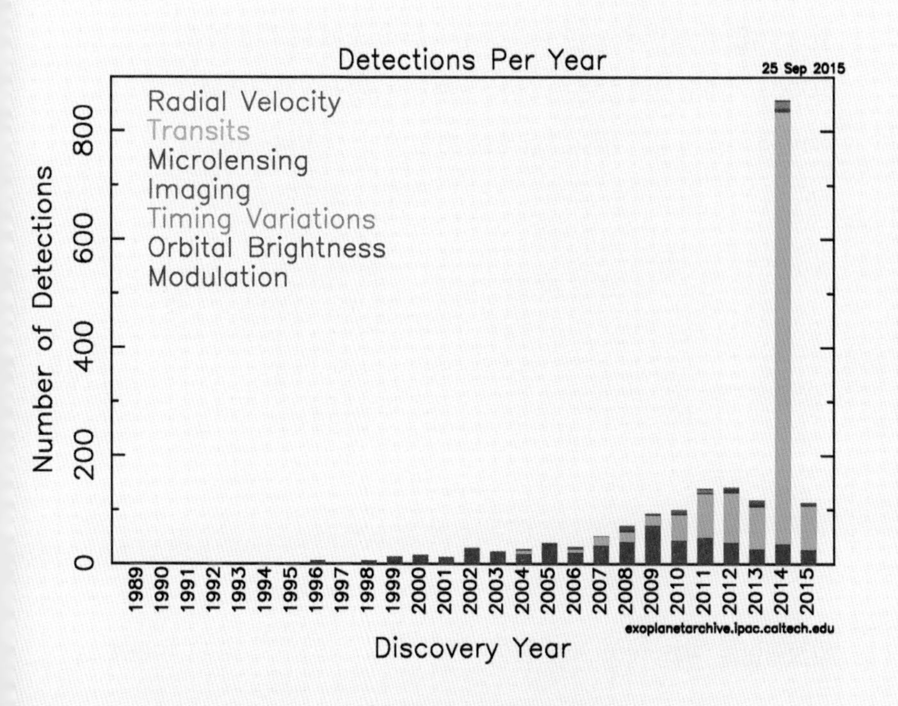

외계행성은 케플러-62f였다. 케플러-62f는 지구보다 약 1.4배 큰 슈퍼지구이며 지구로부터 약 1200광년 떨어져 있다. 모성인 케플러-62는 표면온도가 태양보다 살짝 어두운 5000도 정도다. 케플러-62f는 모성으로부터 약 0.7천문단위 떨어져 있어 평균 영하 30도 정도로, 얼음바다가 있을 것이라 생각하고 있다. 케플러-62 별에서는 태양계처럼 여러 개의 추가 행성이 같이 발견되었는데, 케플러-62e 역시 생명체가 존재할 가능성이 있는 행성이다. 케플러-62e는 크기가 지구의 약 3.5배이며 케플러-62f보다 모성에 더 가까운 약 0.4천문단위 떨어져 있다.

비록 생명체가 발견된 외계행성이나 지구와 똑같은 환경을 지닌 외계행성은 현재까지 발견되지 않았지만 그동안 발견된 외계행성을 보면 그리 비관적이진 않을 것 같다. 아직까지 발견되지 않은 외계행성은 이 넓은 우주에 너무나도 많기 때문이다. 물론 지구의 환경과 똑같지 않다하더라도 생명체가 존재할 수 있다. 하지만 우리가 알고 있는 우주의 생명체는 오직 지구 환경에서만 발견되었기에 조금 더 지구와 비슷한 외계행성에서 생명체가 발생할 수 있을 것이라고 기대하고 있다. 지구의 생명체 발생에 가장 중요한 요소는 바로 물이다. 따라서 외계행성에 상온의 물이 존재하는지가 외계생명체가 살만한 외계행성인지를 판단하는 우선 요소가 되며, 이를 위해 거주영역에 존재하는 외계행성을 우선 찾는 것이다.

하나, 시선속도법

사실 시선속도법은 처음부터 외계행성을 찾기 위해 고안된 방법이 아니라 분광쌍성(spectroscopic binary)을 발견하기 위한 방법이었다. 그러나 분광기(spectrometer)와 분광학의 눈부신 발전을 통해 매우 미세한 시선속도의 변화도 측정할 수 있게 되었고, 이를 외계행성의 발견에까지 응용하게 된 것이다. 현재 세계의 주요 천문대 망원경에 성능이 매우 좋은 분광기들이 부착되어 있다.

분광 관측은 광학 관측과 더불어 현대 천문학의 급격한 발전을 이루는 수많은 발견과 함께해 왔다. 1900년대 후반 시작된 외계행성 학문 분야에도 크게 기여하고 있다. 특히 시선속도법은 케플러Kepler 위성이 올라가 행성통과법을 이용해 많은 행성을 발견하기 전까지는 가장 많이 외계행성을 발견한 방법이었다.

천문학에서는 천체로부터 나오는 빛을 분해한 스펙트럼 선의 이동을 측정함으로써 천체의 시선속도를 측정한다. 모든 천체는 그 천체를 이루고 있는 고유의 화학성분에 의한 스펙트럼 선을 가지며, 천체가 관측자에게 멀어지면 붉은색 방향으로(적색편이:redshift), 가까워지면 파란색 방향으로(청색편이: blueshift) 이동하는 도플러doppler 효과가 나타난다. 도플러 효과는 일상생활에서도 흔히 찾아볼 수 있는데, 기차가 다가올 때 기차소리가 커지고 멀어질 때 기차소리가 작아지게 들리는 것도 소리의 파동이 도플러 효과를 일으키기 때문이다.

우리는 보통 행성이 별(모성:host star)의 주위를 돌고 있다고 말한다. 하지만 엄밀히 말하면 별과 행성의 질량중심(center of mass)을 중심으로 별과 행성이 모두 돌고 있는 것이다. 단지 별과 행성의 질량 차이가 매우 크기 때문에 두 천체의 질량중심이 거의 별의 중심과 비슷하여 행성이 별을 중심으로 돌고 있다고 말한다.

똑같은 질량을 가지는 별 A, B가 있을 때, 별A에는 행성이 존재하고 별B에는 행성이 없다고 가정해보자. 별B는 행성이 없으므로 자기 자신의 중심이 그 자체로 중심이 되어 움직임이 없다. 그에 반해 행성을 가진 별A는 행성의 질량으로 인해 질량중심이 아주 미세하게 행성의 방향으로 이동하게 되고, 이 이동된 질량중심을 중심으로 별과 행성이 모두 회전하게 된다. 행성의 질량이 상당히 크고 별의 질량이 다소 작게 되면, 두 천체의 질량 중심은 별의 중심에서 조금 더 많이 벗어나게 되고 이 별은 더 멀어진 별과 행성의 질량중심으로 더 크게 돌게 된다.

따라서 우리는 행성의 존재로 인한 별의 움직임을 관측할 수 있는데 이를 별의 시선속도를 측정함으로써 알아낼 수 있다. 즉 별이 다가오고 멀어짐에 따라 청색편이와 적색편이가 주기적으로 일어나고 이를 분광 관측하여 스펙트럼의 움직임을 측정함으로써 별의 시선속도를 변화하게 하는 원인인 행성의 존재와 그 행성이 어떠한 특성을 가지고 있는지를 알아낼 수 있다.

별과 행성의 질량비가 크면 클수록 두 천체의 질량 중심은 별의 중심에서 많이 벗어나고 시선속도의 변화가 커진다. 이와 반대로 별과 행성의 질량비가 작아지게 되면 질량중심이 거의 별의 중심으로 이동하게 되어 별의 시선속도 움직임이 매우 미미하게 측정된다. 따라서 시선속도법으로는 매우 질량이 작은 지구와 같은 외계행성을 발견하기는 쉽지 않다.

이를 위해서는 매우 작은 시선속도의 변화를 측정할 수 있는 고성능의 분광기와 대형 망원경이 필수다. 하지만 계속된 노력으로 지금보다 2~3배 뛰어난 성능의 분광기가 개발되고 있고, 수십 미터 급 대형 망원경과 차세대 우주망원경 건설 사업이 진행 중이니 앞으로 10~20년 정도 후에는 시선속도법으로 지구 질량의 외계행성을 다수 발견할 수 있을 것이다.

둘, 위치측정법

천체의 위치를 측정하는 것은 천체의 운동을 기술하기 위해서 꼭 필요하다. 인류는 아주 오래전부터 태양, 달을 비롯해 태양계의 여러 행성과 밤하늘에 빛나는 별과 혜성의 위치를 측정해왔다. 행성 운동에 대한 케플러Kepler의 연구와 물체의 운동에 대한 뉴턴Newton의 연구 이후, 천체의 위치를 측정하여 천체의 운동을 이해하는 천체역학 학문이 크게 발전했다.

영국의 핼리Halley는 1718년 당시에 관측된 별과 약 2000년 전 그리스의 히파르코스Hipparchos가 관측한 별을 비교하여 별의 위치에 차이가 있음을 알아냈다. 겨울철에 보이는 큰개자리의 가장 밝은 별인 시리우스Sirius는 약 0.5도, 봄철에 보이는 목동자리의 가장 밝은 별인 아크투루스Arcturus는 약 1도 정도 차이가 있었던 것이다. 이를 통해 별들도 오랜 세월에 거쳐 그 위치가 조금씩 달라진다는 것을 알아냈다.

밤하늘을 보면 까만 하늘에 빛나는 별이 고정되어 별자리 모양이 변하지 않는 것처럼 보이지만 실제로는 별도 아주 조금씩 움직이고 있다. 이것을 별의 고유운동(proper motion)이라고 한다. 물론 100년을 사는 인간의 한 주기에서는 그 차이를 느낄 만큼은 아니기에 별은 늘 같은 위치에 있는 것처럼 보일 뿐이다.

우리는 물체의 운동(속도)을 기술할 때 거리와 시간을 이용한다. 별의 고유운동 역시 천문학에서 사용하는 거리 중 하나를 사용하는데, 그것을 각거리라고 한다. 각거리는 천구 상의 A와 B라는 위치가 있을 때 관찰자와 A와 B를 잇는 선분 사이의 각을 말한다. 천문학에서 각거리를 쓰는 이유는 사실 천구 때문이다.

밤하늘의 모든 천체는 천구에 투영되어 우리는 천체까지의 거리나 천체 사이의 거리를 알기가 어렵다. A와 B 사이의 실제 거리를 알기 위해서는 관찰자로부터 A와 B까지의 거리를 알아야만 가능하다. 하지만 A와 B까지의 거리를 모른다고 해도 변하지 않는 것이 있으니 그것이 바로 관찰자가 보는 A와 B 사이의 각거리다. 각거리는 도, 분, 초로 나타내며, 1도는 60분, 1분은 60초가 된다. 고유운동이 가장 큰 별이라고 알려진 버나드Barnard 별의 경우 1년에 약 10초 정도 움직인다. 10초를 도로 표현하면 약 0.003도이니 인간의 감각으로는 거의 움직임을 알기 어렵다.

별들은 움직일 때 어떤 경로로 움직일까. 별이 홀로 움직인다면 거의 직선에 가까운 움직임을 보일 것이다. 하지만 별 주변에 다른 천체–또 다른 별이나 행성–이 존재한다면 직선으로 움직이던 별의 움직임은 어떻게 될까. 앞서 시선속도법에서 언급한 질량중심의 개념을 떠올려보자. 별이 홀로 움직이면 이 질량 중심은 별의 중심이 되지만 또 다른 천체와 함께 움직이게 되면 질량중심의 변화로 인하여 별의 움직임에도 요동이 생기게 된다. 이 요동을 측정함으로써 별 주변을 도는 외계행성의 존재와 그 특성을 알아내는 방법이 위치측정법이다.

동반하는 천체의 질량에 따라 움직임의 변화도 달라지는데, 동반하는 천체의 질량이 크면 클수록 움직임의 변화도 커진다. 행성을 동반하는 별은 행성의 질량에 따라 차이는 있지만 대략 수십 마이크로초의 변화를 가진다. 따라서 위치측정법으로 행성의 존재를 알기 위해서는 천체의 운동을 매우 정확하고 정밀하게 측정해야 하고 이를 위해 초정밀한 분해능을 갖는 대형망원경이나 우주망원경을 이용해야만 가능하다.

앞에서 언급한 그리스의 과학자 히파르코스의 이름을 딴 히파르코스 위성은 1989년부터 1993년까지 약 12만 개의 별을 관측하여 1밀리초의 정확도를 가지는 별의 위치를 측정했다. 그 이후 2013년에 유럽우주기구(ESA:European Space Agency) 에서 보낸 가이아Gaia 위성은 우리 은하 내 10억 개의 별 위치를 최대 20마이크로초의 정확도로 관측하고 있다. 가이아 위성을 이용해 위치측정법으로 수십 내지 수백 개의 외계행성을 발견할 수 있을 것이라고 기대하고 있다.

셋, 주기변화법

주기변화법은 특정한 주기를 갖는 별에 특화된 방법이다. 우주에 있는 천체 중 시간에 따라 광도(밝기)의 변화가 있는 천체가 몇몇 있다. 별 중에서 광도가 변하는 별을 변광성이라고 하며, 주기성을 갖고 있는 변광성과 비주기성의 변광성이 있다. 그 중 주기성을 가지는 별은 행성에 의한 주기 변화를 관측할 수 있고, 이를 통해 행성의 존재를 유추할 수 있다.

처음으로 주기변화법을 통해 행성의 존재를 알아낸 별은 펄서pulsar다. 펄서는 '우주의 등대'라고 불리는 별로, 1967년 영국의 천문학자인 버넬Burnell과 그의 지도교수 휴이쉬Hewish가 전파관측으로 처음 발견했다. 이후 1974년에 휴이시 교수는 펄서 발견 공로로 노벨물리학상을 받았다(안타깝게도 버넬은 받지 못했다). 매우 무거운 별이 수명을 다하면 초신성(supernova) 폭발이 일어나고 그로 인해 별의 외곽부분은 날아가 버리고 별의 중심핵만 급격하게 수축해 매우 강한 전자기장을 방출하는 중성자별이 중심에 생성이 된다. 이 중성자별을 펄서라고 하며 매우 빠르게 회전하며 수 밀리초(mili-second)에서 수 초의 주기적인 전파신호를 내보낸다. 이 주기적인 전파신호는 10^{-8}초의 정밀함을 갖고 있어 원자시계의 정밀도와도 견줄 수 있을 만큼 정확하다.

매우 정확한 주기적 신호를 방출하는 펄서 주변에 행성이 있으면 이 주기성에 변화가 생기고 이를 통해 행성의 존재를 알아낼 수 있다. 가장 처음 발견된 행성이 바로 이 주기변화법을 이용하여 발견한 펄서 주변을 돌고 있는 행성이다. 1992년 볼시찬Wolszczan과 프레일Frail이 처음 외계행성을 발견했고, 이로 인해 천문학자들은 외계행성의 탐색에 희망을 갖고 뛰어들었다.

펄서 이외에 주기성을 갖는 다른 종류의 별에도 똑같이 주기변화 방법을 적용해볼 수 있다. 주기적인 광도의 변화를 갖는 별은 맥동하는 백색왜성, 뜨거운 준왜성, 식쌍성 등이 있다. 백색왜성은 태양 질량의 0.4~8배 이하의 질량을 지닌 별이 진화할 때의 마지막 모습이다. 태양 역시도 약 80억 년 이후엔 백색왜성이 될 것이다. 태양이 백색왜성이 되기 바로 전 단계는 적색거성(red giant star)으로, 외곽부가 부풀어 올라 근처에 있는 수성과 금성, 우리가 살고 있는 지구 그리고 거의 화성까지 삼킨 후 바깥 부분은 서서히 식어 행성상 성운이 되어 흩어지고 중심의 핵은 백색왜성으로 분리된다.

멀고도 먼 얘기지만 그때가 되면 태양계의 행성은 목성, 토성, 천왕성, 해왕성 이렇게 넷만 남게 되고 우리가 살고 있는 지구는 흔적도 없이 사라져 버릴 것이다. 남아 있는 백색왜성은 점차 식어가고, 어떤 온도에 도달하게 되면 100~1000초 정도의 주기를 갖는 맥동 백색왜성의 단계에 도달하게 된다. 만약 이때 목성이나 토성 같이 살아남은 행성이 있다면 맥동하는 백색왜성의 주기에 영향을 주고 이를 측정함으로써 우리는 행성의 존재를 확인할 수 있게 된다.

뜨거운 준왜성은 별의 진화 단계에서 매우 드물게 나타나는 천체로, 별의 진화 단계 끝자락에서 적색거성의 단계를 거치다가 외곽의 대기가 이탈한 상태의 별이다. 뜨거운 준왜성은 수년의 주기적인 밝기 변화를 보이며 맥동하는 백색왜성처럼 주기변화법을 이용하여 주변 행성의 존재를 확인할 수 있으나 발견된 뜨거운 준왜성의 수가 극히 적다.

식쌍성은 우리의 시선 방향에 두 별의 궤도가 겹치게 되어 한 별이 다른 별을 가리는 식현상이 일어나는 쌍성을 말한다. 식쌍성 역시 밝기의 변화가 주기적으로 나타나며 공전궤도에 따라 다양한 주기성을 갖는다. 따라서 주기변화법을 이용해 식쌍성의 일정한 주기 변화를 관측하여 식쌍성 주변의 행성을 찾을 수 있다. 쌍성에 행성이 존재하는 경우는 두 가지다. 두 개의 별 주위를 도는 행성과 쌍성 중 한 개의 별을 도는 행성이다. 주로 근접쌍성에서 쌍성의 먼 주위를 도는 행성이 발견되는 데 별들이 서로 공전할 때 중력의 영향으로 인해 안에서는 살아남기 힘들기 때문이다.

넷, 행성통과법

최근 몇 년간 과학뉴스 중 외계행성의 발견에 대한 뉴스를 심심치 않게 볼 수 있다. 관심 있는 사람들은 한 주에 한두 개 이상 외계행성을 발견했다는 보고가 나오고 있음을 알아차릴 수 있다. 이렇게 급격하게 외계행성의 발견이 늘어난 이유는 바로 케플러 위성 때문이다.

케플러 위성은 나사에서 2009년에 외계행성을 찾기 위해 쏘아 올린 위성이다. 17세기 독일의 천문학자이자 행성 운동의

법칙을 발견한 요하네스 케플러Johannes Kepler의 이름을 땄다. 케플러 위성은 처음의 기대보다 훨씬 더 많은 행성을 찾아냈고 외계행성 발견의 르네상스 시대를 열었다고 해도 과언이 아니다. 케플러는 백조자리 부근의 100평방도 내의 14만 5000개 별을 3년 6개월간 지속적으로 관측했고, 이를 분석하여 약 1000개의 외계행성을 찾아냈다. 이렇게 많은 외계행성을 찾은 방법이 바로 행성통과법이다.

별 주위를 공전하는 행성의 공전궤도면이 우리가 보는 시선 방향과 거의 일치하게 되면 주기적으로 별 앞을 행성이 지나가게 된다. 그때 미약하게나마 별의 밝기가 어두워지게 되고 우리는 이를 통해 행성의 존재를 알아챌 수 있다. 이 방법이 바로 행성통과법이다.

달도 없는 깜깜한 밤에 운전하다 건널목 앞에서 보행자가 건너기를 기다리는 운전자를 상상해보자. 반대편 차선에도 마찬가지로 차가 신호를 기다리고 있다. 깜깜한 밤이니 기다리는

케플러 위성
출처:NASA/KEPLER MISSION/WENDY STENZEL

차들은 헤드라이트를 켜고 있을 것이다. 만약 까만 옷을 입은 사람이 건널목을 건너고 있고, 빛이 보이지 않는 곳에서는 전혀 보이지 않는다고 해보자. 우리는 이 보행자의 존재를 어떻게 알아낼 수 있을까? 그렇다. 바로 운전자는 반대편 차선에 기다리고 있는 차에서 나오는 헤드라이트가 걸어가는 보행자에 의해 가려지는 현상을 인식하고 보행자가 있다는 것을 쉽게 알 수 있다. 차의 헤드라이트를 별, 보행자를 행성이라고 생각하면 쉽게 행성통과법의 원리를 이해할 수 있다.

이론적인 행성통과법은 사실 매우 간단하다. 행성이 별 표면을 지나가면서 별빛이 약해지고 이를 통해 행성의 존재를 알 수 있구나 하고. 하지만 얼마만큼의 별빛이 약해지는지를 안다면 행성의 존재를 알아내는 것이 쉽지 않음을 깨달을 수 있다. 앞서 비유한 헤드라이트 앞을 지나가는 사람 대신 파리 한 마리가 지나간다면 어떨까? 과연 헤드라이트의 밝기가 얼마만큼 변해야 파리가 지나갔는지조차 인식할 수 있을까?

태양과 같은 별이 있다고 했을 때, 목성 크기의 행성이 이 별의 표면을 지나가면 별빛의 밝기가 약 1퍼센트 정도 어두워지고, 지구 크기의 행성이 지나가면 약 0.008퍼센트에 해당하는 별빛이 어두워진다. 이 정도의 밝기 변화를 감지해야만 외계행성의 존재를 알아낼 수 있다. 또한 별 주위를 도는 행성은 주기적으로 돌게 되므로 지속적으로 관측한다면 밝기 변화의 시간에 따른 중첩을 통해 행성의 공전주기 등도 알아낼 수 있다.

지상망원경으로 감지할 수 있는 별빛의 밝기 변화는 약

1퍼센트 정도다. 따라서 케플러 우주망원경이 올라가기 전까지 행성통과법으로 찾은 행성의 수는 많지 않았고, 대부분 목성 크기 이상의 외계행성이었다. 하지만 케플러의 활약 덕분에 행성통과법으로 찾은 외계행성의 수는 급격히 늘었으며 지상망원경을 이용해 재확인하거나 추가 데이터를 제공함으로써 지상망원경을 활용한 외계행성 탐색 사업도 활발해졌다.

행성통과법을 사용하는 대표적인 지상망원경 사업에는 HAT(Hungarian Automated Telescope)과 WASP(Wide-Angle Search for Planets)가 있다. 두 사업 모두 광시야의 작은 망원경을 여러 대 사용하며, 밝은 별을 대상으로 지속적으로 관측하고 있다. 정밀도가 낮은 지상망원경의 한계를 극복하기 위해 관측은 별의 밝기가 어두워지는 시점의 관측데이터를 최대한 많이 중첩시켜 통계적인 밝기 변화를 통해 외계행성의 존재를 알아낸다.

현재 케플러 우주망원경은 우주망원경을 제어하는 반작용 조절용 바퀴 네 개 중 두 개가 작동되지 않아 외계행성 탐색 임무를 더 이상 수행하지 못하고 있다. 따라서 나사는 케플러의 다음 버전인 테스TESS(Transiting Exoplanet Survey Satellite) 위성을 2017년을 목표로 준비 중에 있다. 영문 이름에서도 알 수 있듯이 테스 역시 행성통과법을 이용한다. 테스 위성은 2년간 전체 하늘에 있는 밝은 별을 지속적으로 관측할 예정이며 이는 케플러가 관측한 별의 약 3.4배인 50만 개에 해당한다. 대략 지구 크기의 외계행성 1000~1만 개 정도 발견하기를 기대하고 있다.

다섯, 직접관측법

직접관측법은 말 그대로 외계행성을 직접 관측하여 외계행성의 존재를 알 수 있는 방법이다. 말로만 보면 가장 쉽고 직설적이지만 실제로는 가장 어려운 방법이라고 할 수 있다. 스스로 밝은 빛을 내는 별과 달리 행성은 모성의 빛을 반사하거나 아주 미약하게 적외선 영역의 빛을 낼 뿐이다. 또한 우리로부터 멀리 떨어져 있는 별 근처의 행성을 모성으로부터 분리해서 봐야하는 어려움도 있다. 이런 어려움을 극복하는 방법은 결국 매우 큰 망원경을 이용하여 희미한 행성의 빛을 모성으로부터 분리해서 관측하는 것이다.

보름달이 환하게 뜬 날의 밤하늘과 그믐달일 때의 밤하늘을 비교해보면, 보름달이 뜬 날 별은 잘 보이지 않는다. 분명 별의 밝기가 변한 것은 아닐 텐데 말이다(물론 똑같이 날씨가 맑은 날, 같은 장소에서 봐야 한다). 보름달이 뜬 날, 밤하늘의 별을 조금이라도 잘 보기 위해서는 아주 간단한다. 손가락으로 보름달을 살며시 가리면 된다. 시야각 0.5도의 보름달은 새끼손가락 하나면 충분하게 가려진다.

이것과 비슷한 원리로 관측하는 별을 가려주면 별 주변의 상대적으로 매우 어두운 행성이 보인다. 이것은 처음에 태양 대기 바깥 부분에 있는 코로나corona를 관측하기 위해 일식의 원리를 응용하여 가상의 판으로 태양을 가리던 코로나그래프 장치의 원리이기도 하다. 지금도 태양 대기를 연구하는 태양 망원경에서 코로나그래프를 사용하고 있다.

우주가 아닌 지상에서 천체를 관측할 때 가장 큰 골칫거리

중 하나가 우리 지구를 둘러싸고 있는 대기다. 천체로부터 출발한 빛은 거의 진공에 가까운 우주 공간을 지나 지구에 도달한다. 약 100킬로미터 두께의 지구 대기는 우리를 보호하는 역할도 하지만 천체로부터 오는 빛을 마구잡이로 흔들어버린다. 그래서 천문학자들은 대기의 흔들림을 실시간으로 보정하는 적응광학 기술을 개발하여 아주 정밀한 천체의 상을 얻는 데 성공했다.

초기에는 관측하려는 대상 근처의 밝은 별을 안내별로 삼고, 이 안내별에서 오는 빛을 시시각각 관측하여 대기의 흔들림을 변형 거울을 통해 보정하는 방식이었다. 그러나 안내별로 삼을 수 있는 대상이 그리 많지 않기 때문에 다른 방법을 고안해냈다. 지구 대기 80~100킬로미터 상공에는 별똥별이 대기에 진입하며 부서진 나트륨 원자가 약 5킬로미터의 두께로 퍼져 있는데, 지상에서 나트륨 레이저를 쏘아주면 그 나트륨 원자에 의해 반사된 작은 인공별을 만들 수 있다. 이 인공별을 안내별로 삼아 대기의 흔들림을 보정하는 방법이 최근에는 주로 사용되고 있다.

적응광학과 코로나그래프의 도움으로 지상에서도 행성을 직접 관측할 수 있는 길이 열리긴 했지만 현재 지상 망원경 크기의 한계로 인해 태양 근처의 아주 밝은 몇몇 별에만 가능하다. 또한 발견할 수 있는 외계행성 역시 모성으로부터 많이 떨어져 있어야만 모성과 분리하여 관측이 가능하다. 이를 해결하기 위해서는 현재의 지상 망원경 크기보다 몇 배 큰 대형 망원경이 필요하다.

현재 건설 준비 중에 있는 대형 망원경은 구경 25미터 크기의 거대마젤란망원경(GMT), 구경 30미터 크기의 30미터망원경(TMT), 구경 40미터의 유럽초거대망원경(E-ELT)이 있다. 특히 거대마젤란망원경 건설 사업에는 우리나라도 참여하고 있으며 2020년경 칠레에 세워질 예정이다.

사실 대기의 방해를 없애기 위해서는 우주에서 관측하는 것이 가장 좋다. 많은 사람들이 매우 잘 알고 있는 허블우주망원경(HST)은 구경이 2.4미터밖에 되진 않지만 1990년 처음 우주에 올라간 뒤로 20년이 넘게 우주를 관측해 우리가 알고 있던 우주의 지식을 몇 배 더 확장시켰다. 허블우주망원경에 달린 고성능카메라는 2008년 물고기자리에 있는 포말하우트Fomalhaut 별에서 외계행성을 발견할 정도로 아직 건재하지만 차세대 우주망원경에게 자리를 물려주기만을 기다리고 있다.

차세대 우주망원경에 거는 기대는 엄청나다. 그만큼 허블우주망원경이 우리에게 보여주었던 미지의 우주는 컸기 때문이기도 하다. 제임스웹우주망원경(JWST)이라고 불리는 차세대 우주망원경은 구경이 6.5미터로 허블우주망원경보다 약 2.7배 크며 2018년 발사를 목표로 준비 중에 있다. 허블우주망원경이 그랬던 것처럼, 제임스웹우주망원경 역시 미지의 우주 너머를 우리에게 보여줄 것이다.

여섯, 미시중력렌즈법

20세기 최고의 과학자 중 하나인 아인슈타인은 1915년에 일반상대성 이론을 발표한다. 이 이론에 따르면, 무거운 질량을 가지는 천체는 주변의 시공간을 휘게 만들어 지나가는 빛의 경로를 굽어지게 만든다. 이것을 중력렌즈 현상이라고 부른다(최초의 중력렌즈 관측은 일반상대성이론이 발표가 된 지 60여 년이 지난 1979년에 처음 관측되었다). 중력에 의해 시공간을 휘게 만드는 역할을 하는 천체는 우주공간의 렌즈가 된다. 이 렌즈는 매우 무거운 은하단이나 은하가 될 수도 있고, 그저 빛나는 별이나 행성도 될 수 있다. 특히 은하에 비해 상대적으로 질량이 매우 작고 어두운 별이나 행성이 렌즈가 될 경우를 미시중력렌즈라 한다.

미시중력렌즈 관측은 우리 시선 방향에 렌즈가 되는 별이나 행성이 존재할 경우 렌즈의 뒤에 있는 광원(또 다른 별)으로부터 오는 빛이 이 렌즈에 의해 휘어져 밝기가 변화되는 현상을 관측하는 것이다. 관측자-렌즈-광원의 서로간의 상대적 움직임은 시간에 따라 렌즈를 통과하는 광원의 밝기를 변화하게 하는데, 이로부터 우리는 렌즈가 되는 별이나 행성의 물리적 특성을 알아낼 수 있다. 관측자-렌즈-광원이 시선 방향에서 거의 일치해야만 미시중력렌즈 현상이 나타나며 약 100만 개의 별을 보고 있을 때 한 번 정도의 꼴로 발생한다. 따라서 미시중력 렌즈 현상을 관측한다는 것은 쉬운 일이 아니다.

그럼 이렇게 드문 현상을 어떻게 하면 많이 볼 수 있을까? 답은 간단하다. 그저 더 많은 별을 보면 된다. 100만 개의 별 중 1개가 보인다면, 1000만 개의 별에서는 10개, 1억 개의 별에서는 100개의 미시중력렌즈를 관측할 수 있다. 이를 위해 미시중력렌즈는 한 번에 많은 별을 볼 수 있는 우리 은하 중심부를 주로 관측한다.

미시중력렌즈 사건에서 렌즈인 천체가 별 홀로 있을 때, 광원의 밝기 변화는 광원과 렌즈의 투영된 거리의 시간의 함수로 결정되며 이는 광원이 점점 밝아졌다 다시 어두워지는 대칭적인 밝기 변화로 나타난다. 그러나 렌즈로 작용하는 별 주변에 또 다른 별이나 행성이 존재하면, 이 동반 천체로 인해 렌즈의 대칭적인 중력장이 일그러지고 그로 인해 광원의 대칭적인 밝기 변화 또한 깨지게 된다.

렌즈와 광원의 상대적 거리가 짧을수록 밝기 변화는 커지고, 동반 천체의 질량이 작을수록 대칭적인 광도 곡선의 변화는 매우 짧게(수 시간) 나타난다. 천문학자는 미시중력렌즈 사건에서 광원의 시간에 따른 밝기 변화를 관측한 후 이를 분석하여 렌즈가 되는 천체인 별이나 행성의 존재를 알아낸다.

미시중력렌즈 방법의 가장 큰 장점은 렌즈가 되는 천체의 밝기에 무관하다는 점이다. 따라서 지상에 있는 작은 망원경으로도 충분히 미시중력렌즈 사건을 검출할 수 있고 이를 통해 외계행성을 발견해낼 수 있다. 현재 미시중력렌즈 방법을 이용한 관측 전략은 지상에서 은하 중심부를 지속적으로 보며 미시중력렌즈 사건을 검출하는 탐사 관측과 검출된 사건만 집중해서 관측하는 추가 관측의 이원적 방법을 택하고 있다. 미시중력렌즈 사건 특성상 언제 발생할지 아무도 모르기 때문에 넓은 우리 은하 중심부를 지속적으로 반복해서 관측해야만 많은 사건을 검출할 수 있다. 하지만 동반천체가 행성이면, 행성에 의한 밝기 변화의 지속시간이 매우 짧아 탐사관측의 관측빈도만으로는 충분치 않다. 따라서 집중된 추가 관측을 통해 더 정확한 광도 변화를 알아야만 외계행성의 존재와 그 특성을 알아낼 수 있다.

10여 년 전부터 시작된 이원적 관측 전략을 통해 미시중력렌즈 방법은 30여 개의 외계행성을 발견했지만 이원적인 체계의 한계로 인해 외계행성 발견이 크게 늘진 못했다. 따라서 새로운 미시중력렌즈 실험 방법이 대두되었다. 이는 탐사와 추가관측을 합한 형태로, 관측영역과 관측빈도를 동시에 늘리는 것이다. 넓은 은하 중심부 수억 개의 별을 동시에 10분의 빈도로 관측함으로써 현재의 이원적 방법에서 찾은 외계행성의 수보다 10배 이상 많은 외계행성을 찾을 것이라고 기대하고 있다. 이 방법을 이용한 차세대 미시중력렌즈 실험은 우리나라 독자적으로 준비 중에 있고, 2015년부터 본격적으로 이뤄질 것이다.

외계행성탐색 프로젝트 KMTNET

한국천문연구원이 진행하고 있는 외계행성탐색 프로젝트 KMTNet은 남반구의 칠레, 남아프리카공화국, 호주 이 세 나라에 각각 망원경을 설치하고 우리 은하의 중심부를 관측하며 미시중력렌즈 방법으로 외계행성을 찾는 사업이다. 2014년 9월 칠레에 첫 망원경을 설치했고 뒤를 이어 남아프리카공화국, 호주에도 설치가 완료되었다. 2015년부터 본격적으로 외계행성을 찾는 데 이용된다.

이 프로젝트는 우리나라 홀로 진행하는 사업이지만 미시중력렌즈 방법을 이용한 외계행성 탐색 분야에서는 차세대 실험으로 주목받고 있으며 앞으로 수많은 외계행성뿐만 아니라 다수의 지구형 행성을 찾을 것이라고 기대하고 있는 실험 중 하나다.

우리나라 단독으로 세계에서 주목받는 외계행성 탐색 실험을 할 수 있는 이유는 그만큼의 역량을 보유하고 있기 때문이다. 특히 미시중력렌즈 방법을 이용한 외계행성 탐색 분야에서 만큼은 세계의 최선두 연구를 이끌고 있다고 해도 과언이 아니다. 앞서 소개한 이원적인 미시중력렌즈 관측 방법의 추가 관측 참여와 더불어 외계행성 발견을 위한 데이터 분석 연구에 특히 앞서고 있다. 지난 10여 년 간 쌓은 외계행성 관측 경험과 관측된 데이터의 분석 연구는 차세대 미시중력렌즈 실험을 할 수 있는 토대가 되었고, 이를 실현할 준비가 끝마쳐진 상태다.

우리나라에서 미시중력렌즈를 연구하는 그룹은 충북대의 천체물리연구단이다. 이곳의 연구원은 날마다 실시간으로 들어오는 미시중력렌즈 관측 데이터를 분석하여 외계행성이나 갈색왜성 같은 관심 천체를 찾고 있으며, 남반구의 천문대를 돌며

두 개의 별 중 한 별을 돌고 있는 슈퍼지구 상상도
출처: 한정호 충북대학교 천체물리연구소

밤새 관측하고 있다. 현재 폴란드 팀의 OGLE과 일본, 뉴질랜드 팀의 MOA가 미시중력렌즈의 탐사관측을 맡고 있으며, 추가 관측은 MicroFun, PLANET, RoboNet 팀이 주로 담당하고 있다. 우리나라는 MicroFun 그룹에서 미국의 오하이오주립대학과 연계하여 추가 관측을 진행하고 있으며 유럽의 PLANET 그룹의 관측 지원도 지속적으로 해오고 있다.

날마다 이루어지고 있는 탐사관측으로부터 미시중력렌즈 사건이 감지되면 외계행성이 존재할 가능성이 있는지를 판단한다. 이로부터 추가 관측이 진행되고 또한 실시간으로 이 데이터를 분석한다. 사실 미시중력렌즈 관측으로부터 외계행성의 신호를 찾아내는 일은 쉽지 않다. 외계행성의 질량이 작으면 작을수록 외계행성에 의한 광원의 밝기 변화는 매우 작고, 지속시간 또한 수 시간밖에 되지 않는다. 또한 관측데이터는 관측된 당시의 날씨나 환경, 망원경의 상태 등에 따라 제각각의 오차를 갖는다. 광원의 시간에 따른 밝기 변화는 렌즈와 광원의 종류, 서로 간의 위치 등에 따라 수없이 많은 형태를 갖는다. 따라서 이 모든 것을 고려하여 미시중력렌즈 사건의 관측된 시간 데이터를 컴퓨터 시뮬레이션을 이용해 재현해낸다. 이를 통해

렌즈가 되는 별이나 행성의 특성을 알아내는 것이다.

천체물리연구단에서는 2013년 1월에 "미시중력렌즈 방법을 이용해 발견된 두 번째 다중행성계인 OGLE-2012-BLG-0026Lb,c를 발견했다[2]"고 ‹천체물리학 저널 레터(Astrophysical Journal Letter)›에 발표했다. 이 다중행성계에서 발견된 두 행성은 각각 목성 질량의 0.1, 0.7배다. 이 두 행성은 모성으로부터 약 3.8, 4.6천문단위 떨어져 돌고 있으며, 모성은 태양질량의 0.8배 되는 별로 태양과 상당히 유사하다. 태양계로 보면 목성, 토성과 같이 행성계 외곽에 위치한 가스행성으로, 태양계와 마찬가지로 행성계의 외곽에는 주로 거대 가스행성이 생성된다는 것을 입증하는 관측적 증거가 된다.

2014년 7월에는 미국의 오하이오대학과 함께 "두 개의 별 중 한 별을 돌고 있는 슈퍼지구를 발견했다"[3]고 ‹사이언스Science›지에 발표했다. 지구 질량의 두 배에 해당하는 이 슈퍼지구는 OGLE-2013-BLG-0341LBb라는 이름으로 미시중력렌즈 방법을

2. Han et al. 2013
3. Gould et al. 2014

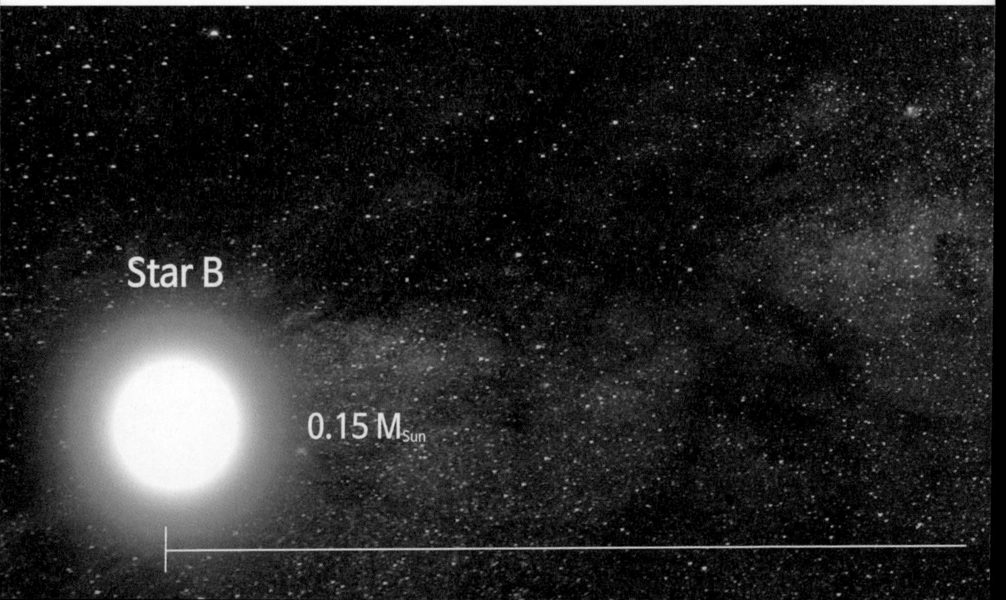

Star B

0.15 M_{Sun}

통해 발견되었으며, 모성으로부터 약 0.8천문단위 떨어져 있다. 모성은 태양 질량의 13퍼센트 정도로 작은 적색왜성이며 이 적색왜성은 15천문단위 떨어진 비슷한 질량의 또 다른 적색왜성과 중력적으로 묶여 있다. 행성의 질량과 모성까지의 거리는 지구와 비슷하지만 어두운 모성까지의 거리가 상대적으로 멀어 지구와는 다른 얼어붙은 세계일 것으로 생각된다.

지금까지 발견된 대부분 쌍성계의 행성은 영화 ‹스타워즈›에 나오는 타투인Tatooine 행성처럼 근접한 두 별 주변을 멀리 도는 행성이었다. 그러나 이 쌍성계의 행성은 두 별 중 하나의 별 주위만 돌기에 그동안 발견된 쌍성계의 행성과 구별되는 특징이 있다. 이번에 발견된 두 별과 행성 간에는 마치 별과 그 주위를 공전하는 행성 그리고 그 행성을 공전하는 위성처럼 서로간의 중력으로 묶여져 있다. 따라서 앞으로의 미시중력렌즈 실험에서는 별 주변을 도는 행성과 그 위성까지도 발견해낼 수 있으리라 기대해볼 수 있다.

KMTNET-CTIO의 관측 모습. 출처: 전영범 한국천문연구원

오늘도 우리는 찾고 또 찾는다

칠레의 밤하늘은 매우 어둡기로 유명하다. CTIO의 경우 관측이 가능한 청정일수가 약 330일 정도로 구름이 거의 없고 매우 건조한 날씨가 거의 1년 내내 지속된다. 사람이 살기에는 최악의 조건일 수 있지만 관측천문학자에겐 꿈의 대지다. 해가 서쪽으로 향하면, 서둘러 관측 준비를 해야 한다. 아름다운 일몰에 넋이 나가기도 하지만 감상적인 마음은 잠시 접어야만 한다. 수많은 별이 모여 있는 우리 은하 중심방향은 남반구에서 가장 잘 보인다. KMTNet 망원경 세 대가 각각 남반구의 칠레, 남아프리카공화국, 호주에 설치된 이유다.

해가 지평선으로 넘어가면 바로 밤이 찾아온다. 달이 없는 날은 앞이 보이지 않을 정도로 어두컴컴하다. 머리 위로 희뿌연 은하수가 총총히 빛나고 남쪽 하늘엔 대 마젤란 은하와 소 마젤란 은하가 까만 밤하늘에 회색 물감을 뿌려놓은 듯하다. 밤이 깊으면 어둠 속에서 열심히 관측하고 있는 망원경 소리만 적적한 안데스 산맥을 지킨다. 우리 은하 중심방향에 있는 1억 개의 별 중 하나가 반짝인다.

미시중력렌즈 현상이 일어나면 일정하던 별의 밝기가 점차 밝아졌다 다시 어두워진다. 이번 녀석은 지구로부터 약 5000광년 떨어진 별로부터 온 신호다. 미시중력렌즈 현상에 의한 별의 밝기 변화는 시간에 따라 대칭적이다. 별 근처를 돌고 있는 또 다른 천체에 의해 대칭적인 밝기 변화와는 다른 밝기 변화가 보인다.

행성이다! 이 외계행성에서 오는 신호는 아주 미약하지만 또렷하게 자신의 존재를 우리에게 드러낸다.

저 먼 우주 어딘가에, 우리 지구와 같이 생명체가 살고 있는 외계 행성이 존재할지도 모른다. 오늘도 우리는 찾고 또 찾아본다. 이 드넓은 우주 어딘가에 있을 또 다른 지구를 찾기 위해…….

외계지적생명체 찾기 프로젝트

과학저술가·천문학자 이명현

외계지적생명체 찾기 프로젝트

우리와 외계인 사이에 우주 공간이 있다

사람들 사이에 섬이 있다
그 섬에 가고 싶다

정현종 시인의 시 '섬'의 전문이다. 몇 년 전 정현종 시인과 편한 자리에서 이런저런 이야기를 나눌 기회가 있었다. 정 시인이 썼던 별에 관한 시에 대해서 이야기를 주고받다가 화제가 이내 이 시에 이르렀다. 짧지만 속으로부터 강렬하고 그윽해서 그 여운이 무척 길게 남는 시다. 정 시인은 서울 근교인 화전에서 어린 시절을 보냈는데, 밤마다 들판에 벌러덩 누워 하늘을 올려다보곤

했다고 한다. 밤하늘을 빼곡하게 채우고 있던 별에게 압도당하던 감흥과 그로 인한 가슴 벅찬 순간을 그는 결코 잊을 수 없다고 했다. 이런 경험이 그가 쓴 여러 별시의 원형을 형성했다고 했다.

다른 많은 사람들처럼 내게도 어린 시절 여주 강변 모래밭에 누워 쳐다봤던 별 쏟아지는 그 밤이 가슴 속에 살아 있다. 문득 별이 있는 밤하늘이야말로 인류의 오래된 문화유산일지도 모르겠다는 생각이 들었다. 먼 옛날 인류의 조상이 밤하늘의 별을 쳐다보며 느꼈던 그 벅찬 감흥이 그 느낌 그대로 문화적 유전자 밈meme을 타고 흘러와 우리 몸속에 흐르고 있는지도 모르겠다. '섬'은 궁극적으로는 외계생명체를 향한 그리움을 표현한 시가 될 것 같다는 내 의견에, 정 시인은 고개를 끄떡이며 동의했다.

별은 가스와 먼지로 이루어진 성간구름 속에서 태어난다. 별의 내부에서는 수소 같은 가벼운 원소들이 끊임없이 서로 융합하는데, 이 과정에서 산소, 질소, 탄소 같은 더 무거운 원소를 만들어내고 그 결과로 별빛이 만들어진다. 별 내부에서 이런 과정의 동력이 다하면 별은 해체되거나 폭발하면서 첫 일생을 마감하게 된다. 별 내부에서 만들어진 원소는 이때 다시 성간구름 속으로 흩어진다. 시간이 흐르고 조건이 맞으면 이들이 다시 뭉쳐서 또 다른 성간구름이 되고 그 속에서 생명을 구성하는 유기분자가 만들어지고 또다시 별과 행성이 만들어진다. 이 행성에서 생명이 태어나고 진화해서 결국은 지적능력을 갖춘 생명체가 된다.

그렇다면 별은 그야말로 우리 몸의 발원지가 아닌가. 그러니 별을 쳐다보는 그 감정은 안락하던 엄마의 자궁에 대한 그리움, 고향을 향한 이끌림일 것도 같다. 혹시 우리 유전자에 고향에 대한 그리움이 각인되어 있는 것은 아닐까. 비약하자면, 이런 유전자의 귀향 본능이 우리로 하여금 결국은 로켓을 만들게 하고 끊임없이 그 그리운 우주공간으로 나아가게 하는 것은 아닐까. 마치 목숨을 걸고 강을 거슬러 올라가는 연어처럼. 어쩌면 다른 별 주위를 도는 어느 행성에서 어떤 지적생명체가 태양을 보며 똑같이 갈망하고 있을지도 모른다. 우주공간 여기저기에 흩어져 있을 서로의 외계인 형제를 그리워하면서.

시를 다시 써 본다. 우리와 외계인 사이에 우주 공간이 있다. 그 우주 공간에 가고 싶다. 그들 외계인을 만나고 싶다.

이 논리를 좀 더 비약하면, 밤하늘을 올려다보는 습성은 인류가 탄생한 직후부터 생겨났다고 할 수 있다. 세상을 인식하기 시작하면서 자연스럽게 '우리는 어디에서 왔는가'와 같은 근원적 의문이 찾아왔을 것이고, 궁극적으로는 이 광활한 우주에 '우리뿐인가'라는 물음에 다다랐을 것이다. 이 질문은 오랫동안 사변적 논의의 영역에서 다루어졌으며 과학적으로 답할 수 없는 금기의 영역으로 남아 있었다. 1959년에 태동한 현대 과학적 외계지적생명체 탐색(Search for Extra-Terrestrial Intelligence; SETI) 프로젝트는 이 근원적인 질문에 대한 답을 얻기 위해 과학적으로 접근하고 있다. 궁극적인 질문에 대한 답을 찾아가는 과학자의 노력, 그 여정을 따라가 본다.

폭풍 전야, 태양계 안 외계생명체

밤하늘의 수많은 별을 보고 있으면 자연스럽게 그 별 주위에도 지구와 꼭 닮은 행성이 있을 것 같다는 생각이 들 것이다. 그렇게 많은 별이 있는데 무엇인들 없을 것인가. 1600년에는 이런 생각을 하는 것 자체가 죄였다. 이탈리아의 철학자 브루노Giordano Bruno는 수많은 지구가 있을 것이고, 그곳에는 생명체가 살 것이라는 취지의 이야기를 했다가 화형당하기도 했다. 하지만 지금 우리는 그의 생각이 옳았다는 것을 목격하는 세상에 살고 있다.

더구나 최근 들어서 태양계 내 우주 탐사가 어느 때보다 활발하게 진행되고 있다. 이 행성탐사 프로젝트들은 각각 다양한 과학적 목적과 임무를 갖고 있지만, 더 근원적인 관심은 태양계 내에 생명체가 존재하느냐에 있다. 지구에는 생명체가 살고 있으니, 지구와 비슷한 자연조건을 갖춘 곳이 있는지를 찾는 것이 그 첫걸음이 될 것이다. 생명체의 재료가 되는 유기화합물이 있는지, 생명을 유지시키는 에너지원이 있는지 그리고 생명이 번성하는 데 필요한 액체 상태의 물이 있는지가 관건이다.

과학자들은 오래 전부터 화성에 생명체가 존재할 것이라고 기대하고 있었다. 화성 표면 곳곳에는 과거에 물이 흘렀던 사실을 알려주는 숱한 흔적이 발견된다. 화성의 극지방에는 빙하가 현존하고 있으며 진눈깨비가 내리고 있다. 파헤쳐진 땅속에서는 얼음이 발견되기도 했다. 화성 표면 아래 땅속에는 액체 상태의 물이 존재할 것으로 추정한다. 최근에는 화성 표면에서 액체 상태의 물이 확인되기도 했다.

최근에 과학자들은 분광 관측을 통해서 화성에서 막대한 양의 메탄가스가 존재한다는 사실을 알아냈다. 메탄가스는 주로 화산이 활동하는 과정에서 또 가축의 뱃속에서 소화 작용을 돕는 박테리아가 활동하면서 만들어진다. 현재 화성에는 화산 활동이 미미하기 때문에 살아 있는 박테리아가 화성 메탄가스의 주요한 공급원일 가능성이 제기되었다.

이런 정황 증거를 바탕으로 과학자들은 화성에 한때 물이 흘렀고 생명체가 존재했을 가능성을 제기하고 있다. 더 나아가서 현재 화성 땅 속에 액체 상태의 물이 존재하고, 메탄가스를 생성하는 살아 있는 박테리아나 미생물이 존재할 가능성을 조심스럽게 이야기하기 시작했다. 외계생명체의 발견이 임박했다는 희망을 갖고 있는 것이다. 최근에 액체 상태의 물이 화성 표면에서 발견되면서 살아 있는 생명체 발견에 대한 기대가 더 높아지고 있다.

미국 나사NASA의 큐리오시티Curiosity는 2012년 8월 6일 화성의 게일 분화구에 착륙해서 활동 중인 로봇 로버의 이름이다. 다양한 가시광선과 적외선 카메라와 함께 생명체의 존재 여부를 확인하기 위한 X-선 분광기와 각종 분석 장비도 장착하고 있다. 광반응을 일으키는 레이저를 발사할 수 있으며 로봇팔로 암석을 뚫거나 채취할 수 있다. 큐리오시티는 화성의 기후에 대한 정보도 수집할 예정이지만 그 주된 임무는 생명체의 존재 가능성에 대한 정보를 수집하고 분석하는 일이다.

2012년 9월 27일 큐리오시티는 화성 표면에 과거에 물이 흘렀다는 가장 강력한 증거를 발견했다. 지구의 강바닥에서 발견되는 모습과 거의 똑같은, 모래와 자갈이 뒤엉킨 암석을 발견한 것이다. 2015년 4월에는 소금물이 화성 표면 아래 스며 있다는 관측 결과도 보고되었다. 이런 관측 증거는 모두 화성의 환경 조건이 생명체가 존재하기에 나쁘지 않을 수 있다는 가능성을 알려준다.

2016년과 2018년에는 유럽우주국 주관으로 2미터 깊이까지 땅을 팔 수 있는 굴착기를 장착한 화성탐사선 엑소마스ExoMars 호가 발사될 예정이다. 역시 땅속에 존재하는 액체 상태의 물과 뒤엉킨 진흙 속에 살고 있을지도 모르는 생명체를 발견하는 데 그 목적이 있다. 당분간 화성에서 생명체를 탐색하는 일은 계속될 것이다. 과학자들은 지금까지의 여러 증거를 바탕으로 외계 생명체의 존재를 거의 확신하고 있는 것 같다. 발견은 시간 문제라는 것이다. 다만 일반인이 바라는 화성인이 아니라 박테리아나 미생물이기는 하지만 말이다. 지능을 가진 외계인으로서의 화성인은 존재할 가능성이 거의 없다는 결론에도 도달한 것 같다.

의외로 토성이나 목성의 위성 중에 생명체가 살 수 있을 만한 환경 조건을 갖춘 천체가 많다. 토성의 위성인 엔셀라두스Enceladus에서는 간헐천 형태로 액체 상태의 물이 발견되어 우리를 흥분시키고 있다. 지구 이외의 곳에서 액체 상태의 물이 발견되기는 처음이다. 생명체 출현의 세 가지 기본 조건인 액체 상태의 물, 유기화합물 그리고 에너지원을 모두 갖춘 엔셀라두스는 생명체 서식 가능지역으로 급부상하고 있다. 토성의 또 다른 위성인 타이탄Titan은 원시지구를 꼭 빼닮은 모습을 드러내기도 했다. 이곳에서 생명 탄생의 순간을 포착하려는 기대를 갖고 있다.

목성의 위성인 유로파Europa는 표면이 두꺼운 얼음으로 덮여 있지만 그 내부는 지열 때문에 얼음이 녹아서 지구의 바다보다 더 큰 바다가 형성되어 있을 것으로 추정되고 있다. 더구나 소금 바닷물의 전해에 의한 자기장 형성 가능성까지 보여주고 있기도 하다.

최근에는 목성의 다른 위성인 가니메데Ganymede도 비슷한 조건을 갖춘 것으로 밝혀졌다. 가니메데의 바다 속에는 생명체가 살고 있을 개연성이 높다. 지구상에서는 최근 남극의 빙하 속에서 150만 년 동안 생존해온 새로운 미생물이 발견되었다. 이들은 특별한 영양소의 섭취나 빛이 없는 상태에서도 생존이 가능한 것으로 알려졌다. 지구상의 또 다른 척박한 극한 환경에서 살고 있는 생명체도 많이 존재하는 것으로 보고되고 있다. 이런 최근의 관측 결과들은 태양계 내 생명체 존재 개연성을 높여주고 있다. 따라서 희망 섞인 현실적 결론은 우리가 살아 있는 동안에 태양계 안 어느 곳에서 외계생명체가 발견될 가능성이 아주 높다는 것이다.

2005년 2월 네덜란드의 노르드베이크에서 열렸던 화성탐사회의에서는 이 학회에 참가한 과학자 250명을 대상으로 화성에 생명체의 존재 여부를 놓고 설문 조사를 벌였다. 결과는 과학자의 낙관적인 견해를 한눈에 보여주고 있다. 화성에 한때 박테리아 형태의 생명체가 존재했을 것이라는 답변이 75퍼센트에 이르렀다. 지금 이 순간에도 생명체가 존재할 것이라는 대답도 25퍼센트나 되었다. 태양계 내 행성이나 그들의 위성에서 생명체가 발견된다면, 2016년이나 2018년 무렵 엑소마스의 실험 직후 화성일 가능성이 높다. 현실적으로 박테리아나 미생물 또는 이들의 화석일 가능성이 높다.

거기 누구 없소, 외계지적생명체 탐색하기

사실 더 큰 관심은 이런 단순한 형태의 외계생명체가 아니라 외계지적생명체가 존재하느냐에 있을 것이다. 우리는 이 지점에서 또 다시 근원적인 질문에 부딪힌다. '지적'이라는 것을 어떻게 정의할 것인가? 어떤 생명체를 발견했을 때, 무슨 근거를 갖고 '지적'이라고 판단할 수 있을 것인가? 더 근원적으로는 무엇을 '생명'이라고 부를 수 있을 것인가?

사실 더 심각한 문제는 이런 정의 자체에 있는 것이 아니라 어떻게 찾을 것인가 하는 방법론에 있다. 결국 지구 생명에 대한 정의도 명확하지 않고, 따라서 찾으려고 하는 '외계생명체'라는 대상이 무엇인지도 명확하지 않은 상황에서 그 대상을 연구해야만 하는 어려운 상황에 처해 있다.

하지만 역설적이게도 천문학자들이 외계생명체 연구를 시작하면서 생명의 정의에 대한 문제를 다시 생각하게 되었고,

이 주제는 과학의 중심에 다시 등장하게 되었다. 현실적으로 외계생명체를 탐사하기 위해서는 먼저 현재까지 우주에서 유일하게 알려져 있는 생명체인 지구 생명에 눈길을 돌릴 수밖에 없었다. 그러므로 외계생명체 탐사 연구는 지구생명체와 꼭 닮은 제한적인 의미에서의 외계생명체에 연구 초점이 맞춰질 수밖에 없다는 현실적인 한계를 갖고 있다.

천문학자들은 지적인 사고 능력이 있고 이를 바탕으로 과학기술 문명을 건설할 수 있는 지적인 생명체가 지구 밖 우주에 존재할 것인지, 또 존재한다면 어떻게 그들을 찾아낼 것인가 하는 문제를 놓고 오랫동안 고심해왔다. 만약 어떤 별 주위의 행성에 살고 있는 외계지적생명체, 또는 외계문명체가 태양을(즉 지구를) 관측한다고 생각해 보자. 지구에(즉 태양 주위의 어떤 행성에) 지적인 생명체 또는 발달된 문명이 존재한다는 사실을 가장 명확하게 알려주는 관측 증거 중 하나는 아마도 지구로부터 흘러나오는 텔레비전과 라디오의 전파 같은 인공적인 전파신호일 것이다.

이런 종류의 전파신호는 천체로부터 나오는 자연적인 신호와는 확연히 구분될 것이다. 또한 지구를 관측하는 외계천문학자들은 자신의 행성에서 발생한 인공적인 전파신호에 대해서도 충분히 인식하고 있어서 지구로부터 오는 전파신호를 구별해 낼 수 있을 것이다. 마찬가지로 이러한 외계과학기술문명이 존재하지 않는다면 지구에서는 이런 인공적인 전파신호를 관측할 수 없을 것이다. 외계지적생명체는 심지어 의도적으로 우주의 다른 지적생명체를 향해서 자신들의 존재를 알리기 위한 인공적인 전파신호를 쏘아 보냈을 수도 있다.

코코니Giuseppe Cocconi와 모리슨Phillip Morrison은 1959년 과학저널 ‹네이처›에 역사적인 논문 한 편을 발표했다. 그들은 이 논문에서 당시 존재하던 전파망원경들을 사용해서 외계지적생명체가 보냈을지도 모르는 인공전파신호를 찾을 수 있는 방법론적 가능성에 대해서 논의했다. 만약 외계지적생명체가 존재한다면, 그들은 우주에서 가장 빠르고 멀리까지 방해 없이 신호를 보낼 수 있는 전파를 이용해서 우주의 다른 지성체에게 인공전파신호를 날려 보냈을 것이고, 우리는 지구에서 전파망원경을 사용해 그들로부터 오는 신호를 찾을 수 있다는 것이다. 과학적인 외계지적생명체 탐색의 시작을 알리는 신호탄이었다.

한편 드레이크Frank Drake 박사는 1960년 봄 가까운 별들로부터 오는 인공전파신호를 찾아보려는 독립적인 관측을 실제로 시도했다. 그는 그린뱅크에 있는 26미터 전파망원경을 사용해서 태양과 비슷한 에리다누스 입실론별과 고래자리 타우별을 관측했다. 오즈마 프로젝트라고 명명된 전파망원경을 사용한 첫 외계지적생명체 탐색이었다. 별다른 신호를 포착하지는 못했다.

사실 거시적인 관점에서 보면 세티SETI 프로젝트는 단순하기 그지없다. 외계지적생명체가 존재한다면, 다른 지적생명체가 알아차릴 수 있는 형태의 인공전파신호를 만들어서 우주 방방곡곡에 보냈을 것이고, 우리는 전파망원경을 사용해서 그 전파를 찾고 해석한다는 것이다.

교신 가능한 지적문명체의 수는?

1961년에는 그린뱅크에 있는 미국 국립전파천문대에서 드레이크가 주최한 외계지적생명체 탐색 워크숍이 열렸다. 코코니와 모리슨 그리고 칼 세이건 등 10명이 참가한 작은 미팅이었다. 드레이크는 회의를 효과적으로 진행하기 위해서 외계지적생명체의 수를 가늠할 수 있는 방정식을 만들었는데 이후 드레이크 방정식으로 알려졌다. 드레이크 방정식은 우리 은하 안에 존재하는 전파 교신 가능한 지적 문명체의 수를 추론해보는 식이다. 아래와 같이 표기한다.

$$N = R \times f_p \times n_e \times f_l \times f_i \times f_c \times L$$

R : 우리 은하 안에서 탄생하는 별의 생성률(수/년) = 우리 은하 안의 별의 수/평균별의 수명

f_p : 이 별이 행성을 갖고 있을 확률(0–1)

n_e : 이 별에 속한 행성 중에서 생명체가 살 수 있는 조건을 갖춘 행성의 수

f_l : 조건을 갖춘 행성에서 실제로 생명체가 탄생할 확률(0–1)

f_i : 탄생한 생명체가 지적문명체로 진화할 확률(0–1)

f_c : 지적문명체가 다른 별에 자신의 존재를 알릴 수 있는 통신 기술을 갖고 있을 확률(0–1)

L : 통신 문명을 갖고 있는 지적문명체가 존속할 수 있는 기간(년)

N : 우리 은하 안에 있는 교신 가능한 지적문명체의 수

드레이크 방정식의 각 계수를 정해서 곱하면 우리 은하 안에 있는 교신 가능한 지적문명체의 수가 정해진다. 당시에는 별의 생성률 정도만 비교적 잘 알려져 있었다. 최근 들어서 케플러우주망원경의 외계행성 관측 결과를 통해서 행성의 수에 대한 힌트는 얻을 수 있었지만 행성에서의 생명체 탄생 확률이나 지적 생명체로의 진화 확률 등은 추정할 과학적 근거가 부족한 상황이다. 문명의 존속 기간에 대한 정보도 불확실하기는 마찬가지다. 따라서 이 방정식은 현재 시점에서는 정확한 외계지적생명체의 수를 정하기보다 정량적으로 그 수를 추정해 가는 방식을 보여준다는 데 그 의의가 있다.

그린뱅크 미팅에 모인 과학자들은 2박 3일 동안 토론을 거쳐서 N값이 대략적으로 L값과 같다는 데 의견을 모았다. 문명의 지속 시간을 어떻게 정하냐에 따라서 우리 은하 안의 교신 가능한 지적문명체의 수가 달라진다는 얘기다. 이 미팅에서 L값은 1000에서 1억으로 의견이 갈렸다. 전문가들이 모여서 체계적으로 외계지적생명체의 수를 과학적으로 추론했다는 데 그린뱅크 미팅의 의미가 있다.

세티 프로젝트, 와우!

1959년에서 1961년 사이에 이루어진 이 세 작업은 앞으로 50년이 넘는 기간 동안 '전파망원경을 사용한 인공전파신호 포착'이라는 외계지적생명체 탐색의 패러다임을 확립하는 사건이었다.

구소련에서도 1960년대 독자적으로 전파안테나를 사용한 외계 지적생명체 탐색 작업이 있었다. 타터Jill Tarter 박사가 2001년 발표한 해설 논문을 보면, 지난 50년 간 전 세계에서 100차례가 넘는 과학적인 외계지적생명체 탐색 프로젝트가 있었다. 하지만 주된 연구는 미국의 세티연구소와 버클리대학교를 중심으로 이루어지고 있다. 다양한 전파망원경을 사용했지만, 푸에르토리코에 있는 현존하는 가장 큰 망원경인 직경 305미터의 아레시보 전파망원경을 주로 활용했다.

대표적인 세티 프로젝트로는 세티연구소가 주도한 피닉스 프로젝트가 있는데, 1995년 2월부터 2004년 3월까지 진행되었다. 주로 호주의 파크스 전파망원경과 아레시보 전파망원경을 사용해서 지구로부터 250광년 내에 있는 800개가 넘는 별을 총 1만 1000시간 이상 관측했다. 중성수소 방출선 영역인 1.4기가 헤르츠GHz 대역 주변에서 주로 전파를 관측했다. 수소는 우주에서 가장 흔한 원소이기 때문에 이 영역에서 방출되는 전파는 외계천문학자들에게도 익숙할 것이고 따라서 인공전파신호를 보낸다면 이 주파수 영역 근처를 활용할 것이라는 전제 아래 집중적으로 관측했다. 외계지적생명체로부터 온 것이 확실한 인공전파신호는 검출하지 못했다.

또 다른 대표적인 세티 프로젝트로는 버클리대학교 연구팀이 아레시보 전파망원경을 사용해서 진행 중인 서렌딥SERENDIP 프로젝트가 있다. 현재 제6차 서렌딥 프로젝트가 진행 중인데, 관측된 방대한 자료는 전 세계에 흩어져 있는 개인 PC에 보내져서 전파신호를 분석한다. SETI@Home이라고 불리는 이 방대한 분산컴퓨팅 프로젝트는 개인 PC로 이루어진 거대한 네트워크 컴퓨팅 시스템을 구축하고 있다. 지금까지 인공전파신호로 의심되는 후보 신호는 여럿 포착되었다. 하지만 아직까지 통계적으로 유의미한 인공전파신호가 검출된 적은 없다.

역사상 가장 강력한 인공전파신호 후보는 '와우 시그널Wow Signal'일 것이다. 1977년 8월 15일 오하이오주립대학교에서 전파망원경으로 세티 프로젝트를 수행하던 중 72초간 지속된 강력한 전파신호를 포착했다. 천체에서 나오는 자연적인 전파신호도 아니었고 지상에서 인공적으로 발생하는 신호도 아닌 것으로 판명되었다. 지구 밖에서 온 신호가 확실했고 외계지적생명체가 보낸 인공적인 전파신호일 가능성이 높아보였다. 이 신호를 보고 흥분한 관측자가 관측 기록지에

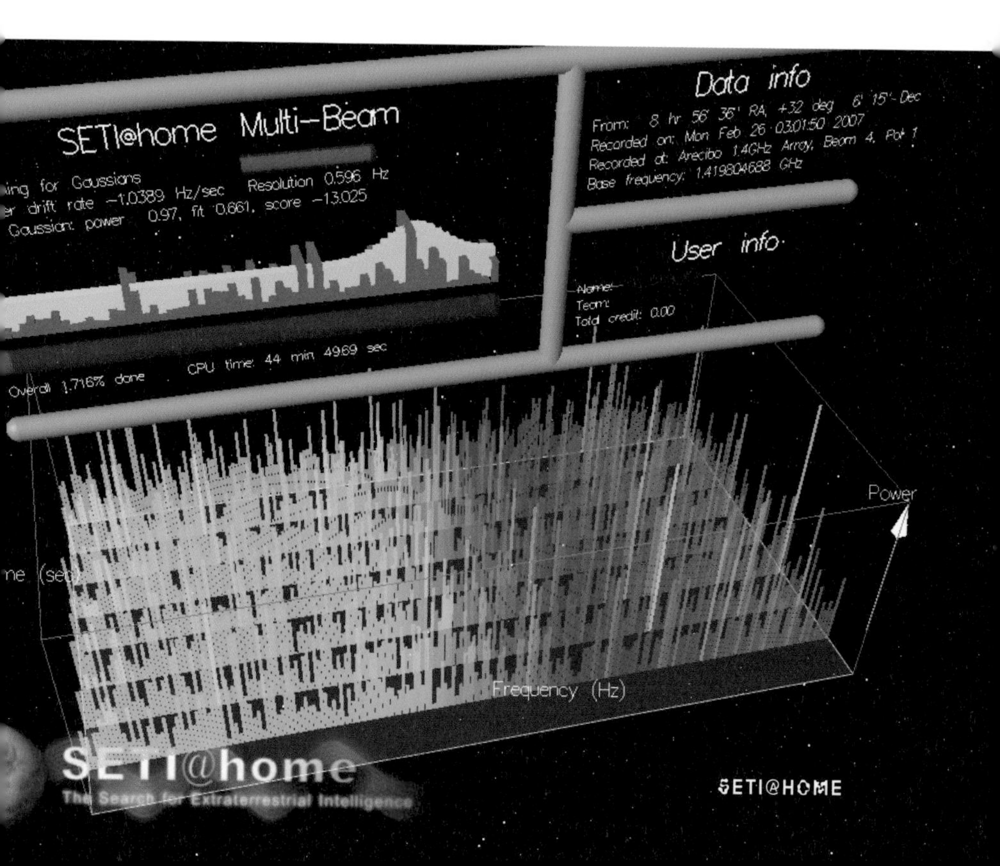

SETI@HOME

'와우!'라고 써놓아서 이런 이름이 붙었다. 다른 전파망원경으로도 와우 시그널이 포착된 곳을 집중적으로 관측했지만 반복되는 신호를 찾지는 못했다. 그렇게 와우 시그널은 해프닝으로 끝나고 말았다. 다른 인공전파신호 후보들도 이와 마찬가지로 반복 관측이 되지 못하고 해프닝으로 끝나버린 것이 많다.

1959년 이래 50년이 넘게 '전파망원경을 사용한 인공전파신호 포착'이라는 패러다임 아래 수많은 세티 프로젝트가 진행되었다. 하지만 여전히 외계지적생명체가 보낸 인공전파신호를 포착하지는 못하고 있다. 그 패러다임은 변하지 않았지만 세티 프로젝트의 전환점이 될 중요한 두 가지 사건이 최근에 발생했다.

2007년 10월 11일 미국 캘리포니아 주 북부에 위치한 햇크릭 전파천문대 부지에 앨런 텔레스코프 어레이Allen Telescope Array(ATA) 전파안테나 42대가 가동을 시작했다. 세티연구소 타터 박사의 주도로 세티연구소와 버클리대학교가 함께 진행 중인 새로운 세티 프로젝트가 시작된 것이다. 궁극적으로는 6미터짜리 세티 전용 전파망원경 350대로 구성된 시스템을 구축하는 것이 목표인데, 현재는 마이크로소프트사의 공동 창업자인 폴 앨런이

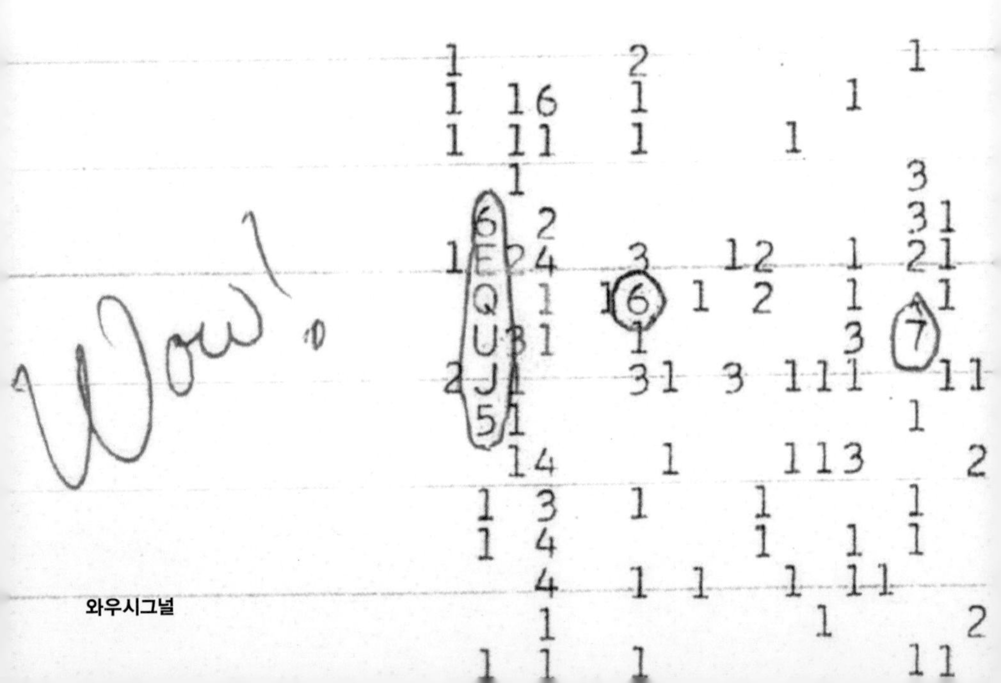

와우시그널

기부한 전파망원경 42대로 1차 가동에 들어갔다. 세티연구소 측은 미래의 어느 날 안테나 350대를 모두 갖춘 시스템을 구축될 것으로 희망 섞인 기대를 하고 있다.

이 전파망원경 시스템은 여러 면에서 그동안 세티 프로젝트의 성과를 넘어설 것으로 기대하고 있다. 우선 세티 전용 전파망원경 시스템이기 때문에 1년 내내 하루 24시간 세티 관측을 위해서 가동할 수 있다. 그만큼 관측할 수 있는 대상이 늘어난다는 뜻이다. 실제로 100만 개의 별을 모니터 할 계획을 갖고 있다. 피닉스 프로젝트에서 관측했던 대상이 800여 개였던 것을 생각해 보면 그 규모를 짐작할 수 있을 것이다. 그만큼 관측 속도와 효율을 높일 수 있게 될 것이다.

그동안의 세티 관측이 주로 1.42기가헤르츠 대역 중성수소 방출선 근처에 집중된 것에 반해서 ATA 관측 가능 파장영역은 1에서 12기가헤르츠 대역에 걸쳐 있다. 그만큼 관측해서 살펴보는 영역을 넓힌다는 데 또 다른 큰 의미가 있다. 무엇보다 중요한 또 한 가지 특성은 관측된 전파자료를 실시간으로 분석할 수 있는 소프트웨어 시스템이 갖춰져 있다는 것이다.

외계생명체 탐색의 또 다른 프런티어에 나사의 케플러우주 망원경이 있다. 2009년 3월 6일 저녁 10시 49분, 나사의 과학위성 케플러가 미국 플로리다 주 케이프 캐너버럴 공군 기지에서 델타 II 로켓에 실려서 성공적으로 발사되었다.

지구와 비슷한 외계행성을 찾아라

태양계 밖에 있는 행성을 외계행성이라고 한다. 국제천문연맹에서는 다른 별 주위를 공전하면서 핵융합 작용을 하지 못하는 (즉 스스로 빛을 내지 못하는) 어느 정도의 질량을 갖고 있는 천체를 외계행성으로 임시로 정의하고 있다. 여기서 어느 정도의 질량이란 태양계 내의 행성이 갖는 정도의 질량이라는 뜻이다. 하지만 최근에는 어느 별에도 속하지 않는 떠돌이 외계행성도 발견되고 있는 상황이다. 그리고 목성보다 훨씬 커서 갈색왜성과 구분이 잘 되지 않는 외계행성도 많이 발견되고 있어서 외계행성의 정의에 생성 과정에 대한 정보를 추가해야 한다는 주장도 제기되고 있다.

오래 전부터 외계행성을 발견했다는 보고는 간헐적으로 있었지만 과학적으로 인정된 첫 번째 외계행성은 펄사 PSR B1257+12 주위에서 1992년에 발견되었다. 펄사는 빠르게 회전하는 중성자별이다. 이런 특이한 별이 아니라 평범한 별에서 처음 외계행성이 발견된 것은 1995년의 일이다. 페가수스자리 51번 별 주위에서 외계행성이 발견되었다.

2015년 10월 8일 현재 확인된 외계행성의 수는 1969개에 달한다. 1249개 항성계에서 외계행성이 발견되었는데 이 중 두 개 이상의 행성을 갖고 있는 항성계는 490개 정도로 알려져 있다. 외계행성의 숫자는 계속 급격하게 증가할 것으로 보인다. 2009년에 외계행성을 발견할 목적으로 발사되던 케플러우주망원경으로 발견한 외계행성 후보 중 많은 천체가 실제로 외계행성으로 판명될 것이기 때문이다.

처음에는 목성보다 훨씬 큰 행성이 발견되었다. 크고 밝은 것이 눈에 잘 띄기 때문이기도 했고, 더 작은 행성을 발견할 만큼 관측 장비가 발달하지 못했기 때문이기도 했다. 관측 장비와 검출 기술이 점점 발달하면서 더 작은 행성이 속속 발견되기 시작했다. 최근에는 지구와 비슷한 유사지구의 발견도 늘어나고 있다. 현재 발견된 외계행성의 질량과 크기 분포를 바탕으로 천문학자들은 외계행성의 생성에 대한 비밀을 밝히려고 노력하고 있다. 태양계와는 달리 목성보다 훨씬 더 큰 기체행성이 별과 아주 가까운 곳에서 빠르게 공전하고 있는 것도 발견되었고, 어느 별에도 속하지 않는 외계행성도 발견되고 있다. 태양계를 포함해서 외계행성을 갖고 있는 항성계 전체의 생성 과정에 대한 통일된 이론에 대해서 의미 있는 연구가 이제 막 시작됐다.

'거주가능지역'이라는 개념이 있다. 별 주위의 일정한 공간 영역을 말하는데 간단하게 말하면 행성의 표면에 액체 상태의 물이 존재할 수 있을 정도의 온도를 유지하는 구간이다. 지구도 태양계 내의 거주가능지역에 속해 있다. 천문학자들은 각자의 항성계 내에서 거주가능지역에 속한 외계행성이 있는지 찾는데 골몰하고 있다. 만약 어떤 외계행성이 거주가능지역에 속한다면 그 표면에 액체 상태의 물이 존재할 가능성이 있고 따라서 생명체가 살고 있을 개연성도 높아지기 때문이다. 특히 케플러우주망원경을 사용한 관측을 통해서 거주가능지역에 속한 많은 외계행성을 발견했다. 지구와 비슷한 외계행성을 찾는 노력도 계속되고 있다.

케플러우주망원경은 지구와 비슷한 특성과 환경 조건을 갖춘 외계행성을 찾을 목적으로 2009년 3월 6일 발사되었다. 백조자리 근처 좁은 하늘 영역에서 별을 반복적으로 모니터링 했는데 그 결과는 놀라웠다. 케플러우주망원경이 이룩한 성과는 벌써 대단하다.

2011년 2월 2일, 케플러우주망원경 연구팀의 첫 번째 공식 발표가 있었다. 2009년 5월 2일부터 9월 16일 사이에 관측된 자료를 분석한 결과를 발표한 것이다. 연구팀은 997개의 별 주위를 도는 1235개의 외계행성 후보를 발견했는데(물론 '후보'라는 딱지를 붙였지만), 다른 외계행성 탐색 프로젝트에서 20여 년 동안 발견한 모든 외계행성의 수를 훌쩍 뛰어넘는 숫자였다. 특히 놀라운 것은 이들 중 지구와 비슷한 크기를 갖는 외계행성 후보가 68개나 된다는 사실이었다. 슈퍼 지구 후보는 288개, 해왕성 크기의 외계행성 후보는 622개, 목성과 비슷한 크기의 후보는

케플러 우주망원경

165개, 그리고 목성보다 두 배 이상 큰 외계행성 후보는 19개로 보고되었다. 지금까지 거대한 '뜨거운 목성'이 주로 발견되었던 것과 비교하면 사뭇 다른 행성 형태 분포를 보여주고 있다. 공전 주기가 짧고 큰 행성이 먼저 발견될 가능성이 크다는 주장이 확인된 관측 결과였다. 이 중 54개는 '생명 거주가능지역'에 속하는 것으로 나타났다.

16개월 동안의 관측 자료를 분석한 결과는 2012년 2월에 발표되었다. 외계행성 후보 2321개를 발견했다는 것으로, 더 놀라운 것은 지구와 비슷한 특성을 갖춘 유사지구 '후보'가 246개나 되었다. 케플러우주망원경 계획을 처음 수립할 당시 3년 반 동안의 관측을 통해서 수십 개 정도의 유사지구를 발견할 것으로 기대한 것과 비교하면 놀라운 결과다. 2015년 1월 현재 케플러우주망원경은 440개 행성계에서 1013개의 외계행성을 발견했다. 확인 절차를 밟고 있는 외계행성의 후보는 3199개에 이른다.

흔하디 흔한 유사지구

아직 진행형인 케플러우주망원경의 관측 결과는 이미 우리에게 행성에 대한 많은 정보와 힌트를 던져주고 있다. 케플러 우주망원경 팀이 중간 관측 결과를 발표할 때마다 과학자들의 임시 추정값이 나왔다. 세티연구소의 쇼스탁 박사는 케플러우주망원경 관측 결과를 바탕으로 지구로부터 1000광년 내에 생명 거주가능지역에 속한 행성이 3만 개에 이를 것으로 추정했다. 케플러우주망원경 연구팀도 우리 은하 내에 적어도 500억 개 이상의 행성이 있을 것으로 추산했다. 이들 중 적어도 5억 개의 행성은 생명 거주가능지역에 속해 있을 것이라는 것이 그들의 개연성 있는 예측이다.

제트추진연구소의 연구팀은 태양과 비슷한 별 중 1.4~2.7퍼센트 정도는 생명 거주가능지역에 유사지구를 갖고 있을 것으로 계산했다. 이를 바탕으로 우리 은하 내에만 20억 개가 넘는 유사지구가 존재할 것으로 추정했다. 서로 추정한 값은 조금씩 다르지만 과학자들은 지금까지의 결과를 바탕으로 추론하면 우리 은하 내의 별 5개 중 하나 정도가 거주가능지역 내에 지구와 비슷한 외계행성을 갖고 있는 것 같다는 데 대체적으로 동의하고 있다. 추론 방식에 따라서 좀 달라질 수 있겠지만 과학자들은 우리 은하 내에 지구와 비슷한 외계행성이 작게는 50억 개에서 많게는 500억 개 정도 존재할 것이라는 추론에 대체적으로 동의하고 있다. 지구 같은 행성이 유난한 것이 아니라 아주 흔하다는 결론이다.

천문학자들이 관심을 많이 갖고 있는 외계행성은 거주가능지역에 속하면서 지구와 비슷한 특성을 가진 것이다. 지구보다 조금 큰 외계행성을 슈퍼지구라고 부른다. 지구와 거의 비슷한 외계행성은 유사지구라고 한다. 슈퍼지구와 유사지구 중 거주가능지역에 속한 외계행성이 관심의 중심에 있다. 물리적인 조건이 지구와 비슷하면서 항성계 내의 환경 조건도 지구와 비슷하기 때문에 생명체가 살 수 있는 최적의 조건이라고 보는 것이다. 케플러-62e, 케플러-62f, 케플러-186f, 케플러296e, 케플러-296f, 케플러-438b와 케플러-442b 그리고 케플러-440b 정도가 거주가능지역에 속하는 슈퍼지구 또는 유사지구라는 조건을 만족하는 후보다. 최근에 발견된 케플러-452b는 생명체 거주가능 조건 면에서 보면 지구 환경 조건에 가장 근접한 외계행성이다. 지구보다 60퍼센트 정도 크고 5배 정도 무거운 슈퍼지구로 알려졌다. 태양과 비슷한 별을 385일을 주기로 공전하고 있는 표면이 암석질로 이루어진 행성으로 추정한다.

이 외계행성에 대해서는 다양한 추가 관측이 진행되고 있다. 궁극적인 목적은 생명체의 존재를 확인하는 것이다. 지금까지의 케플러우주망원경 관측 결과를 바탕으로 추론해 본다면 생명체가 존재할 가능성이 있는 유사지구는 예상과 달리 흔한 천체인 것 같다. 그렇다면 외계생명체의 존재도 희귀한 현상이 아니라고 잠정적으로 결론을 내릴 수 있을 것 같다. 유사지구 중 일부에서만 지적생명체가 발현했다고 하더라도 그 수는 여전히 많기 때문에 외계지적생명체, 즉 외계인의 존재도 희귀한 현상이 아니라고 개연성 있게 결론지을 수 있을 것이다.

케플러우주 망원경의 탐색은 계속되고 있고 후속 분광 관측으로 유사지구의 대기와 바다를 확인하려는 작업도 이어지고 있다. 지구를 꼭 닮은 유사지구의 발견은 곧 지구생명체와 닮은 외계생명체의 존재를 담보하는 첫째 조건이기 때문이다. 환경 조건과 특성이 비슷하다면 그런 행성에서도 지구에서와 마찬가지로 생명체가 탄생했을 개연성이 높을 것이다. 그 중 일부에서는 탄생한 생명체가 진화에 진화를 거듭해서 지구에 살고 있는 우리 같은 지적인 생명체의 모습으로 존재하고 있을지도 모를 일이다.

'세티 라이브'에 참여하기

앨런 텔레스코프 어레이(ATA)가 가동을 시작하고 케플러우주망원경이 유사지구를 발견하기 시작하면서 세티 프로젝트도 큰 전환기를 맞이했다. 현재 세티연구소는 전용망원경인 ATA를 사용해서 우리 은하 중심방향을 집중적으로 관측하고 있다. 보름달 크기의 80배에 달하는 영역을 반복 관측하는 프로젝트다. 이 지역에는 지구로부터 2만 5000광년 거리 내에 약 400억 개의 별이 위치해 있을 것으로 추정되고 있다.

동시에 많은 별을 1420~1720메가헤르츠의 넓은 파장 영역에서 관측함으로써 인공적인 전파신호의 포착 확률을 높이고 있다. 다른 전파 망원경의 시간을 빌려서 수행하던 세티 관측에서는 엄두를 낼 수 없었던 작업이다. 주로 1420메가헤르츠에 집중되었던 관측 주파수도 광역화시키면서 좀 더 다양한 관측 옵션을 갖게 되었다.

세티연구소는 2011년 2월 케플러우주망원경 연구팀의 1차 관측 결과 발표 때 밝혀진 유사지구 후보 중 54개에 대해서 이 발표와 동시에 집중적으로 관측하기 시작했다. 지구와

물리적 조건이 비슷한 유사지구 후보들로부터 오는 전파신호를 집중적으로 관측하고 분석해서 인위적인 전파신호가 있는지 확인하려는 것이다. 생명체가 존재할 개연성이 높은 유사지구 후보를 특정해서 관측하기 때문에 인공신호를 포착할 확률도 올라갈 것으로 기대하고 있다. 더 나아가서 케플러우주망원경이 발견한 외계행성을 모두 관측하는 프로젝트도 진행하고 있다. 이미 행성이 있는 것으로 밝혀진 대상을 광범위하게 관측함으로써 인공전파신호를 포착할 수 있는 개연성을 높이겠다는 전략이다.

세티연구소에서는 케플러우주망원경이 발견한 외계행성에 대한 ATA 관측 자료를 실시간으로 일반인에게 공개하는 프로젝트도 진행했다. '세티 라이브SETILIVE'라고 명명된 이 프로젝트는 당시 세티연구소의 소장인 타터 박사가 2009년 TED에서 수여하는 상을 받는 자리에서 밝힌 꿈이 실현된 결과였다. 타터 박사는 수상 소감을 밝히는 자리에서 더 많은 사람들이 외계지적생명체를 찾는 작업에 동참할 수 있으면 좋겠다는 바람을 표명했다. 그녀의 제안에 호응해 재정적, 기술적 지원이 잇따르고 결국 그녀의 소원이 이루어졌다.

세티 라이브 프로젝트는 대표적인 시민참여과학 프로젝트의 집합소인 '주니버스Zooniverse' 프로젝트의 하나로 출범했다. 일반인은 세티 라이브 홈페이지에서 간단한 인공전파신호 구별법을 학습한 다음 ATA를 사용해서 케플러우주망원경이 발견한 외계행성을 관측한 자료를 직접 분석할 수 있는 기회를 갖게 되었다. 여러 사람이 인공전파신호 후보로 지목한 전파신호에 대해서는 ATA 중 일부 망원경을 실시간으로 긴급 관측하는 모드도 운영했다. 세티 라이브는 일반인의 직접 참여를 바탕으로 하는 시민과학 프로젝트의 전형으로 관심을 모았다. 하지만 최근 들어서 재정적, 기술적 문제에 봉착해서 일반인의 참여가 잠시 유보된 상황이다.

1959년 이래로 세티 프로젝트의 주된 패러다임은 전파망원경을 사용해서 외계문명으로부터 오는 인공적인 전파신호를 포착하는 것이었다. 현재까지의 결과를 한마디로 요약하자면 인공전파신호라고 의심할 만한 전파신호는 다수 포착했지만, 과학적으로 확신을 갖고 내놓을 수 있는 신호는 하나도 없다는 것이다. 하지만 세티 과학자들은 이런 상황이 가까운 미래에 해소될 것으로 전망하고 있다.

2014년 5월 21일 미국 하원에서 열렸던 우주생물학 청문회에서 세티연구소의 쇼스탁Seth Shostak 박사가 의미심장한 답변을 했다. 앞으로 20년 정도 후면 외계지적생명체의 존재를 확인할 수 있다는 취지의 발언을 한 것이다. 그가 가까운 미래라고 할 수 있는 '20년'이라고 하는 시간을 적시해서 말할 수 있었던 배경에는 케플러우주망원경의 관측 결과와 ATA의 가동이 있었다.

케플러우주망원경 관측을 통해서 유사지구의 존재를 확인했고 이들의 대략적인 개수도 개연성 있게 추정하게 되었다. 세티 전용 망원경인 ATA를 확보함으로써 가용 가능한 시간에 대한 예측 가능성이 높아졌다. 유사지구를 포함한 외계행성을

ATA로 지속적으로 관측하면 앞으로 20년쯤 후에는 통계적으로 유의미한 관측 데이터를 확보할 수 있을 것이고, 현재 알고 있는 유사지구의 수를 바탕으로 지적인 외계생명체의 수를 계산해서 추론해보면 20년 후쯤이면 외계지적생명체의 존재를 확인할 확률이 아주 높다는 것이 쇼스탁 박사의 발언 핵심이다.
우리는 화성에서 박테리아 수준의 생명체를 발견하고 어느 별 주위를 도는 행성에서 지적생명체의 흔적을 발견하는 일이 막연한 꿈이 아닌 실현 가능한 과학의 영역으로 들어온 시대를 살고 있는 것이다.

전파망원경을 이용한 인공전파신호가 세티 프로젝트의 주류지만 다른 제안과 시도도 있었다. 1961년에 이미 전파가 아닌 광학 영역에서도 지적 문명의 흔적을 찾을 수 있다는 제안이 있었다. 하버드대학교와 세렌딥SERENDIP 프로젝트와 SETI @Home 프로그램을 수행하는 버클리대학교 연구팀이 광학 세티 프로젝트를 지속적으로 기획하고 수행해왔다. 최근에는 하버드대학교에서 1.8미터 광학 세티 전용망원경 시스템을 구축하고 있다.

우리 여기 있소, 외계지적생명체에게 신호 보내기

세티 프로젝트는 기본적으로 외계지적생명체로부터 오는 인공적인 전파신호를 포착해서 그들의 존재를 확인하려고 한다.

한편 외계지적생명체에게 신호를 보내는 프로젝트(Messaging to Extra-Terrestrial Intelligence; METI)는 주로 인공적인 전파신호를 외계지적생명체를 향해서 송신하는 프로그램이다. 전파신호를 송신하는 대신 파이어니어 우주탐사선과 보이저 우주탐사선에 실어 보낸 것 같은 이미지나 멀티미디어 자료 같은 것도 큰 범위에서 메티 프로젝트로 간주하기도 한다.

1974년 11월 16일 오후 1시, 천문학자들은 아레시보 전파망원경을 사용해서 총 1679비트의 전파신호를 우주를 향해 발사했다. 인공전파신호를 송신한 최초의 메티 프로젝트인 셈이다. 마침 아레시보 전파망원경 머리 위에 떠 있던 구상성단 M13을 지향해서 인공전파신호가 전송되었다. 아레시보 메시지에는 지구인의 모습, 태양계 내 지구의 위치, DNA 이중나선 모양, 1에서 10까지의 수의 2진법 표기 등이 담겨 있다. 아레시보 메시지의 전송은 외계지성체의 인공전파신호를 듣기만

아레시보 전파망원경

하고 있던 지구인도 이제 능동적으로 자신의 존재를 알리고 외계지적생명체와 접촉하려는 대열에 나섰음을 알리는 상징적인 사건이었다.

아레시보 메시지 이후에 실현된 메티 프로젝트로는 코스믹 콜Cosmic Call 1(1999년), 틴 에이지 메시지Teen Age Message(2001년), 코스믹 콜Cosmic Call 2(2003년), 그리고 지구로부터의 메시지A Message From Earth(AMFE; 2008년)가 있다. 이 프로젝트들은 지구로부터 20~69광년 떨어져 있는 비교적 가까운 별을 향해서 인공전파신호를 송신했다. 2029년에 20광년 떨어져 있는 글리스 581c에 지구인이 보낸 첫 메시지가 도착할 예정이다.

특히 AMFE 프로젝트는 인터넷을 통해서 일반인이 참여하는 대중적인 프로젝트로 진행되기도 했다. 2012년에는 '와우 신호'가 포착된 방향에 위치한 별을 향해서 인공전파를 발사한 '와우! 리플라이Wow! Reply' 프로젝트가 진행되었다. 2013년에도 비교적 가까운 별인 HD 119850을 향해서 인공전파를 발사한 론 시그널Lone Signal 프로젝트가 이어졌다.

메티 프로젝트에 대해서는 조심스러운 시선도 존재한다. 우선 세티연구소의 과학자들을 중심으로 메티 프로젝트에는 원칙적으로 찬성하지만 우리 지구 문명이 우주적으로 볼 때 아직은 어린 문명에 속하기 때문에 신호를 보내기보다는 우선 듣는(즉 세티) 프로그램에 집중해야 한다는 견해를 보이고 있기도 하다.

세티연구소의 바코치 박사는 실제로 전파신호를 발사하기

전에 충분히 지구인의 다양한 의견을 모으고 토론하자는 '지구 스픽스Earth Speaks'라는 프로젝트를 시작했다. 좀 더 극단적으로는 우리 자신을 우주에 노출시킨다면 외계인이 침공해올지도 모른다는 견해를 보이기도 한다. 반면 러시아의 자이트세프Zaitsev 박사 같은 메티 과학자들은 오히려 우리 자신이 인공전파신호를 보내는 것은 일종의 의무라는 견해를 보이고 있다.

메티 프로젝트의 가장 큰 어려움 중 하나는 외계지적생명체와의 커뮤니케이션을 위한 확실한 프로토콜(통신규약)이 없다는 것이다. 어쩌면 너무나도 당연한 일인지도 모른다. 이것은 세티와 메티 프로젝트가 공통적으로 갖는 어려움일 것이다.

더 근원적으로는 왜 우주를 향해서 메시지를 보내고 지구로 오는 메시지를 찾아야만 하는 것인지, 어디로 메시지를 보내고 어디에 전파망원경을 조준하고 메시지를 찾아야 하는 것인지, 어떤 주파수에서 어떤 방식으로 찾아야 하고 보내야 하는 것인지, 이런 고민을 끊임없이 던져야만 할 것이다.

2015년 2월 세티 과학자들은 메티 프로젝트에 대해서 '인공전파를 외계지적생명체에게 보내기 전에 전 세계적으로 과학적, 정치적, 인문학적 토론이 선행되어야한다'는 데 의견을 모았다.

외계인은 호전적일까

외계지적생명체 탐색 프로젝트의 위험성을 처음으로 체계적으로 지적한 사람 중 하나는 노벨물리학상을 받은 천문학자 라일Martin

Ryle이었다. 세티 프로젝트와 외계인에게 메시지를 보내는 작업(메티 프로젝트)에 대한 우려의 밑바탕에는 외계인이 호전적일 수 있다는 두려움이 깔려 있다. 그들에게 우리의 존재를 알려서 좋을 것이 없으니 조용히 숨어서 지내자는 것이다.
하지만 대부분의 과학자들은 오랫동안 문명을 유지할 수 있었던 외계인이라면 멸종의 위험을 극복한 지혜가 있을 것이며 호전성과는 거리가 있을 것으로 생각하는 경향이 있다.

세티와 메티 프로젝트에 반대하는 측의 주장은 몇 가지 유형으로 나타난다. 먼저 외계지적생명체의 존재를 확인했을 때 생길 수 있는 문화적 충격에 대한 우려다. 외계인의 존재가 인공전파신호를 통해서 확인된다면 종교적 가치관의 대혼란과 문화적 정체성에 큰 충격이 올 것이라는 것이다. 하지만 이 부분은 설득력이 별로 없어 보인다. 인류는 늘 새로운 현상과 환경을 마주치면서 적응하는 과정에서 진화해왔기 때문이다. 더구나 직접 외계인을 접촉한 것도 아닌 전파신호의 포착이 가져올 파장은 그렇게 크지 않을 것이다. 일부 광신도의 도발은 있겠지만 전 지구적 혼란은 예상하기 어렵다.

외계인이 보내온 전파신호 자체가 컴퓨터 바이러스일 가능성도 제기되고 있다. 물론 이런 주장의 바탕에는 외계인이 호전적이고 적대적이라는 가정이 있다. 하지만 외계인이 우리가 사용하고 있는 컴퓨터와 인터넷 시스템의 프로토콜을 디테일하게 숙지해서 컴퓨터 바이러스를 코딩해서 보냈을 개연성은 거의 없어 보인다.

가장 우려스러운 것은 외계인이 지구를 침공하는 것이다.

우리 앞에 실제로 모습을 드러내는 외계지적생명체라면 우리보다 발달된 과학기술문명을 갖고 있을 가능성이 높다. 실제로 우주여행을 통해서 이동했을 것이고, 우리의 존재를 명확하게 파악했을 것이기 때문이다. 하지만 외계인이 실제로 지구로 올 수 있을지에 대해서는 의문이다. 지구에서 가장 가까운 다른 행성계까지 가는데 빛의 속도로 4년이 넘게 걸린다. 현재 우리가 갖고 있는 우주선의 성능으로는 5~7만 년 정도가 걸린다. 물론 과학기술문명이 더 발달한 외계인의 우주선 성능은 더 좋겠지만 그렇다고 몇 년 만에 찾아올 수 있는 거리는 아니다. 설사 호전적인 외계인이 지구를 침공하기로 마음먹는다고 하더라도 실행까지는 어쩌면 우리의 문명 시간을 넘어서는 길고 긴 세월이 필요할 것이다.

일부 과학자는 세티와 메티 프로젝트의 결과로 인한 인류의 위험성에 대해서 지속적으로 경고하고 있다. 하지만 대부분의 과학자는 현실적으로 우리가 그런 재앙을 맞이할 가능성은 거의 없다고 생각하고 있다. 이제 막 새로운 창이 열리고 있는 외계생명체 탐색 과정에서 이런저런 우려의 목소리를 발전적으로 귀담아 들을 필요는 있을 것이다.

만약 외계지적생명체의 인공전파신호가 실제로 포착된다면 어떻게 될까? 익숙한 과학영화에서처럼 재앙에 가까운 사회적 혼란이 일어날지도 모른다. 하지만 우리는 이미 외계지적생명체에 대해서 오랫동안 이야기해왔다는 사실을 간과하고 있는 것 같다. 그만큼 외계인 개념에 익숙하다. 그래서 많은 세티 과학자들은 사회적, 종교적 혼란이 일정 기간 지속되겠지만, 결국은 외계지적생명체를 우리의 자연스러운 우주 동료로 받아들이게 될 것이라는 낙관적인 전망을 하고 있는 것 같다.

실제로 지적인 능력을 갖고 있는 외계생명체의 존재에 대한 확신은 이제 보편적인 현상인 것 같다. 세티연구소 쇼스탁 박사의 말에 의하면 미국인 대부분은 외계지적생명체가 어디엔가 존재할 것이라고 '믿고' 있으며, 그 중 절반은 UFO를 타고 실제로 외계인이 지구에 와 있다고 믿는다는 것이다. 물론 이러한 결과를 가져온 가장 큰 원인은 영화와 TV를 비롯한 언론매체를 통해서 쏟아지는 외계인을 다룬 작품에게 있을 가능성이 크다.

따라서 외계지적생명체의 존재에 대한 논리적 '이해' 여부와는 상관없이 현대를 휩쓸고 있는 하나의 문화 현상으로 설명할 수도 있다. 내가 만났던 대부분의 세티 과학자들은 역설적이게도 외계지적생명체의 존재 여부, 특히 그들과의 조우를 이야기할 때는 상당히 신중하고 보수적인 태도를 취한다. 먼저 외계인이 존재할 수 있는 환경을 갖춘 행성이나 위성이 우리 은하 안에 얼마나 많이 존재할 것인지에 먼저 주목한다. 또 한편으로는 외계인이 어떤 방식을 통해서 자신의 존재를 표출할 것인지에 대한 지적 탐구를 시도한다. 역으로 우리 자신의 존재를 우주의 다른 생명체에게 알리려고 할 때 우리는 어떻게 해야 할 것인지에 대해서도 진지하게 고민한다.

세티 과학자들이 내리는 보편적인 결론은, 우리 은하 내에 외계지적생명체가 존재할 가능성은 확률적으로 높은 편이고 그 존재를 확인할 수 있는 현재로서 가장 유력한 방법은 그들이 보냈을 인공적인 전파신호를 포착하는 것이다, 라고 '이해'하고 있다는 것이다. 그들이 실제로 노력을 기울이고 있는 부분은 더 좋은 전파망원경과 검출장치를 개발해서 외계인의 인공전파신호를 포착할 수 있는 기회의 확률을 높이는 것이다. 이러한 과학적 과정을 통해서 세티 과학자들은 외계지적생명체의 존재와 그들과의 접촉 가능성을 단순히 '믿는' 것이 아니라 '이해'하려고 노력하고 있다.

20년 뒤 외계지적생명체의 흔적을 목격한다

세티와 메티는 미지의 세계를 인식하고 그것과의 소통을 위한 커뮤니케이션 프로토콜을 찾는 과학적 탐사 과정이라고 할 수 있다. 결국 우리 자신의 환경과 지혜를 바탕으로 아직 모르는 어떤 것을 찾아가는 과정이기도 하다. 어쩌면 우리 자신을 반추하는 일련의 작업일지도 모른다. 지극히 지구적인 설정과 방법론으로 우주 어디엔가 있을 우리와 꼭 닮은 형제 외계인을 찾으려고 하고 있기 때문이다. 결국 또 다른 우리, 아니 어쩌면 우리 자신을 규정하기 위한 작업인지도 모른다.

실제로 외계지적생명체의 전파신호를 찾는다면 그것은 우리의 미래를 밝게 해주는 일대 사건이 될지도 모른다. 우주공간 속에서 또 다른 문명을 확인한다는 것은 그들이 오래도록 생존할 수 있는 지혜를 갖췄다는 것을 의미할지도 모른다. 그 속에서 오늘날 우리 지구인이 갖고 있는 온갖 멸망의 위협을 극복할 희망과 지혜를 얻을 수 있을지도 모른다. 그들이 오래도록 생존한 것처럼 우리도 그렇게 할 수 있다는 희망을 가질 수 있기 때문이다.

만약 오랜 노력에도 불구하고 외계지적생명체로부터 오는 어떤 신호도 포착하지 못한다면, 어쩌면 우리의 미래는 어두울지도 모른다. 그들은 생존할 지혜를 갖추지 못하고 충분한 신호를 날리지 못했을 것이기 때문이다. 혹은 우리는 결국 유기적 생명체가 아닌 기계생명의 문명을 발견할지도 모른다. 그런 경우까지를 포함해서 결국 우리는 세티 프로젝트를 통해서 우리 문명의 미래를 보고 싶은 것인지도 모른다. 쇼스탁 박사의 추정이 맞는다면 우리는 20년 후인 2035년 어느 날 외계지적생명체의 흔적을 목격할 수 있을 것이다.

2015년 7월 20일은 외계지적생명체를 찾는 과학자들에게는 희망이 현실이 되는 경험을 안겨준 날이다. 러시아의 투자가인 유리 밀너가 외계지적생명체 탐색 프로젝트에 거액을 기부하겠다고 선언했기 때문이다. 영국 런던에서 유명한 천체물리학자인 스티븐 호킹과 마틴 리스, 1세대 세티 과학자인 프랭크 드레이크 그리고 칼 세이건의 미망인인 앤 드루얀 등이 모인 가운데 유리 밀너의 기부 계획이 발표되었다. 브레이크스루 이니셔티브Breakthrough Initiatives 프로젝트를 통해서 앞으로 10년 간 우리 돈으로 1000억 원이 넘는 1억 달러를 세티 프로젝트에 투자하겠다는 것이다. 브레이크스루 이니셔티브 프로젝트는 브레이크스루 리슨 프로젝트와 브레이크스루 메시지 프로젝트로 구성되어 있다.

브레이크스루 리슨 프로젝트는 현재 세티 과학자들이 수행하고 있는 세티 프로젝트를 확장하는 데 집중할 계획이다. 미국의 그린뱅크 전파망원경 관측 시간의 20퍼센트를 비용을 지불하고 확보해서 세티 관측에 사용하겠다는 것이다. 호주에 있는 파크스 전파망원경 관측 시간의 25퍼센트 정도도

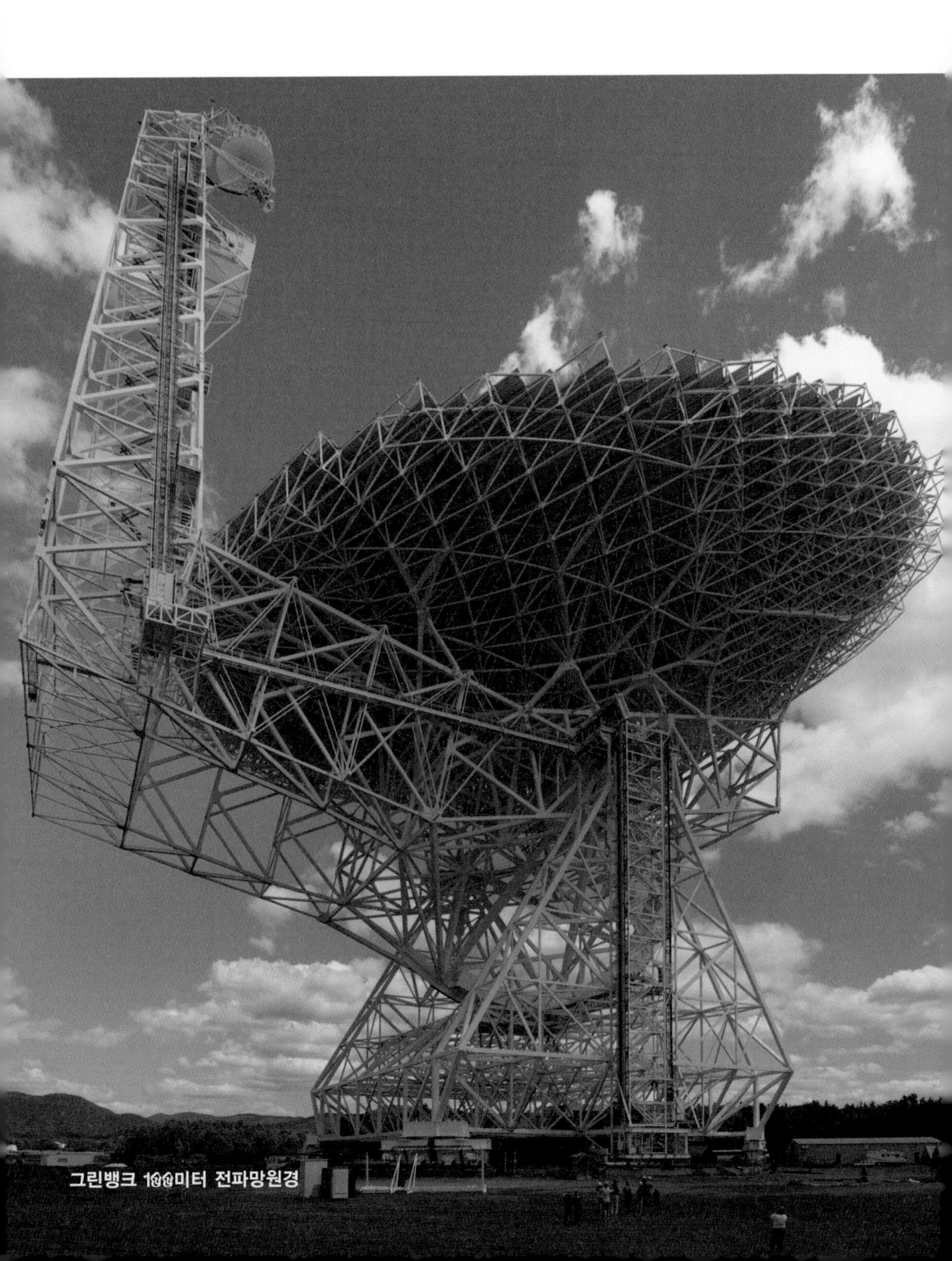

그린뱅크 100미터 전파망원경

활용될 예정이다. 관측에 사용할 민감한 수신과 분석
장치를 개발하기 위한 프로젝트에도 기부금의 1/3 정도를 투자
할 계획이다.

브레이크스루 리슨 프로젝트에서는 인공전파 신호를 포착하기
위해서 지구로부터 가까운 100만 개 정도의 별을 전파망원경으로
관측할 계획이다. 한편 더 멀리서 오는 전파신호를 찾기 위해서
우리 은하의 중심부와 원반부를 스캔 관측할 계획도 갖고 있다.
가까운 은하 100개 정도도 관측 대상이다. 전파영역 뿐 아니라
미국의 캘리포니아 주에 있는 릭 천문대의 2.4미터 망원경을
사용해서 외계지적생명체가 보냈을지도 모르는 가시광선 영역의
레이저 신호를 찾으려는 노력도 기울이기로 했다.

세티 관측을 통해서 발생한 엄청난 양의 데이터는 현재
900만 명이 넘는 사람들이 참여하고 있는 분산컴퓨팅 시스템인
SETI@home 플랫폼을 사용해서 진행할 예정이다.

브레이크스루 메시지 프로젝트는 100만 달러의 상금을 걸고
외계지적생명체에게 보내는 메시지에 어떤 내용을 담아야 할지에
대한 아이디어를 공모한다. 브레이크스루 이니셔티브 프로젝트는
기존의 세티 프로젝트의 핵심 전략을 그대로 계승하면서
작업의 질과 양을 100배 이상 높이겠다는 도약을 표방하고 있다.
십 수 년 내로 인공전파신호를 포착하는 성과를 거둘 것으로
기대하고 있다. 브레이크스루 리슨 프로젝트가 성공적으로
수행된다면 쇼스탁 박사가 기대하는 2035년보다 좀 더 가까운
미래에 외계지적생명체의 신호를 포착할런지도 모를 일이다.

참고자료

극한 생물, 지구 밖에서도 살 수 있을까

Bishop JL, Schelble RT, McKay CP, Brown AJ, Perry KA. 2011. Carbonate rocks in the Mojavi Desert as an analogue for Martian carbonates. International Journal of Astrobiology 10: 349-358.

Danovaro R, Dell'Anno A, Pusceddu A, Gambi C, Heiner I, Kristensen RM. 2010. The first metazoa living in permanently anoxic conditions. BMC Biology 8:30.

Daoy MJ. 2009. A new perspective on radiation resistance based on *Deinococcus radiodurans*. Nature Reviews Microbiology 7:237-245.

Edgcomb VP, Molyneaux SJ, Böer S, Wirsen CO, Saito M, Atkins MS, Lloyd K, Teske A. 2007. Survival and growth of two heterotrophic hydrothermal vent archaea, *Pyrococcus* strain GB-D and *Thermococcus fumicolans*, under low pH and high sulfide concentrations in combination with high temperature and pressure regimes. Extremophiles 11:329–342.

Friedmann EI. 1982. Endolithic microorganisms in the Antarctic cold desert. Science 215: 1045-1053.

Hahm D, Baker ET, Rhee TS, Won Y-J, Resing JA, Lupton JE, Lee W-K, Kim M, Park S-H. 2015 First hydrothermal discoveries on the Australian-Antarctic Ridge: Discharge sites, plume chemistry, and vent organisms. Geochemistry, Geophysics, Geosystems 16

Kimura H, Sugihara M, Yamamoto H, Patel BKC, Kato K, Hanada S. 2005. Microbial community in a geothermal aquifer associated with the subsurface of the Great Artesian Basin, Australia. Extremophiles 9: 407-414.

McKay C P. 2014. Requirements and limits for life in the context of exoplanets. Proceedings of the National Academy of Sciences, USA 111: 12628-12633.

Mykytczuk NC, Foote SJ, Omelon CR, Southam G, Greer CW, Whyte LG. 2013. Bacterial growth at −15℃; molecular insights from the permafrost bacterium Planococcus halocryophilus Or1. ISME Journal 7: 1211-1226.

Navarro-Gonzalez R, Rainey FA, Molina P, Bagaley DR, Hollen BJ, de la Rosa J, Small AM, Quinn RC, Grunthaner FJ, Cáceres L, Gomez-Silva B, McKay CP. 2003. Mars-Like Soils in the Atacama Desert, Chile, and the Dry Limit of Microbial Life. Science 302: 1018–1021.

Sharma A, Scott JH, Cody GD, Fogel ML, Hazen RM, Hemley RJ, Huntress WT. 2002. Microbial activity at gigapascal pressures. Science 295: 1514–1516.

Stetter KO, Konig H, Stackebrandt E. 1983. *Pyrodictium* gen. nov., a new genus of submarine disc-shaped sulphur reducing archaebacteria growing optimally at 105°C. Systematic and Applied Microbiology 4: 535–551.

Stock A, Breiner HW, Pachiadaki M, Edgcomb V, Filker S, La Cono V, M. Yakimov M, Stoeck T. 2012. Microbial eukaryote life in the new hypersaline deep-sea basin Thetis. Extremophiles 16: 21–34.

Takai K, Nakamura K, Toki T, Tsunogai U, Miyazaki M, Miyazaki J, Hirayama H, Nakagawa S, Nunoura T, Horikoshi K. 2008. Cell proliferation at 122°C and isotopically heavy CH_4 production by a hyperthermophilic methanogen under high-pressure cultivation. Proceedings of the National Academy of Sciences, USA 105: 10949–10954.

Wierzchos J, Ascaso C, MaKay CP. 2006. Endolithic cyanobacteria in halite rocks from the hyperarid core of the Atacama Desert. Astrobiology 6: 415-422.

극한생물에 대한 용어 설명과 정보

건생생물(Xerophile): 매우 건조한 환경에서도 자랄 수 있는 생물 https://en.wikipedia.org/wiki/Xerophile

극한생물(Extremophile): 생물에 해로운 물리적 조건(고온, 고압, 저온)이나 지구화학적 극한 조건(산성, 염기성, 중금속 용액)에서도 살 수 있는 생물 https://en.wikipedia.org/wiki/Extremophile

금속내성생물(Metallotolerant): 구리, 카드뮴, 비소, 아연 등의 중금속이 높은 농도로 녹아 있는 용액에서도 견딜 수 있는 생물 https://en.wikipedia.org/wiki/Metallotolerant

다중극한생물(Polyextremophile): 두 개 이상의 극한 환경 범주에서 살 수 있는 생물

무기자가영양체(Lithoautotroph): 황철광과 같은 환원된 미네랄에서 에너지를 얻을 수 있는 생물 https://en.wikipedia.org/wiki/Lithoautotroph

무기영양체(Lithotroph) 광물에서 기원한 무기물을 에너지원으로 이용하여 이산화탄소 고정이나 ATP 합성과 같은 생합성하며 살아가는 생물 https://en.wikipedia.org/wiki/Lithotroph

방사선내성생물(Radioresistant): 자외선이나 핵 방사선 같은 높은 수준의 전리 방사선을 견디는 생물 https://en.wikipedia.org/wiki/Radioresistance

빈영양생물(Oligotroph): 영양물이 적은 환경에서도 자랄 수 있는 생물 https://en.wikipedia.org/wiki/Oligotroph

암석내생물(Endolith) 암석의 광물 입자 사이의 미세한 공간, 암석, 산호, 동물의 단단한 껍질 안쪽에 사는 생물 https://en.wikipedia.org/wiki/Endolith

저온생물(Cryophile, Psychrophile): 영하 15도 이하의 저온에서 살 수 있는 생물 https://en.wikipedia.org/wiki/Psychrophile

초호열성생물(Hyperthermophile): 80~122도의 고온에서도 살 수 있는 생물 https://en.wikipedia.org/wiki/Hyperthermophile

혐기성생물(Anaerobe): 산소가 없어도 또는 산소가 없어야 살 수 있는 생물 https://

en.wikipedia.org/wiki/Anaerobic_organism
호산성생물(Acidophile): pH 3이하에서 가장 잘 자라는 생물 https://en.wikipedia.org/wiki/Acidophile
호삼투생물(Osmophile): 당 농도가 높은 환경에서도 자랄 수 있는 생물 https://en.wikipedia.org/wiki/Osmophile
호압생물(Barophile, Piezophile): 압력이 높은 환경에서 가장 잘 자라는 생물 https://en.wikipedia.org/wiki/Piezophile
호열성생물(Thermophile): 45~122도의 고온에서도 살 수 있는 생물 https://en.wikipedia.org/wiki/Thermophile
호열호산성생물(Thermoacidophile): 70~80도의 온도와 pH 2~3의 환경에서 잘 자라는 생물 https://en.wikipedia.org/wiki/Thermoacidophile
호염기성생물(Alkaliphile): pH 9이상에서 가장 잘 자라는 생물 https://en.wikipedia.org/wiki/Alkaliphile
호염성생물(Halophile): 최소한 0.2 M의 염분(NaCl) 농도는 있어야 자라는 생물 https://en.wikipedia.org/wiki/Halophile

우주생물학에서 관심을 갖는 주요 행성과 위성에 대한 정보

수성

http://nssdc.gsfc.nasa.gov/planetary/factsheet/mercuryfact.html
http://solarsystem.nasa.gov/planets/mercury
https://en.wikipedia.org/wiki/Mercury_(planet)

금성

http://nssdc.gsfc.nasa.gov/planetary/factsheet/venusfact.html
http://solarsystem.nasa.gov/planets/venus
https://en.wikipedia.org/wiki/Venus

지구

http://nssdc.gsfc.nasa.gov/planetary/factsheet/earthfact.html
http://solarsystem.nasa.gov/planets/earth
https://en.wikipedia.org/wiki/Earth

화성

http://nssdc.gsfc.nasa.gov/planetary/factsheet/marsfact.html
http://solarsystem.nasa.gov/planets/mars
https://en.wikipedia.org/wiki/Mars

엔셀라두스

http://solarsystem.nasa.gov/planets/enceladus

https://en.wikipedia.org/wiki/Enceladus

유로파

http://solarsystem.nasa.gov/planets/europa

https://en.wikipedia.org/wiki/Europa_(moon)

더 읽을거리

크리스 임피, 2007, 우주 생명 오디세이, 까치

Dong, H. & Yu, B. 2007. Geomicrobiological Processes in Extreme Environments: A Review. Episodes 30: 202–216.

Giddings L-A, Newman DJ. 2015. Bioactive Compounds from Terrestrial Extremophiles. pp. 90. Springer.

Seckbach J. 1998. Enigmatic Microorganisms and Life in Extreme Environments. Kluwer Academic Publishers.

외계행성을 찾는 여섯 가지 방법

Camilo Mora, Derek P. Tittensor, Sina Adl, Alastair G. B. Simpson, Boris Worm. How Many Species Are There on Earth and in the Ocean? PLoS Biology, 2011; 9 (8): e1001127 DOI: 10.1371/journal.pbio.10011272. Michael Perryman, The Exoplanet Handbook, Cambridge University Press3.

Han, C., Udalski, A., Choi, J.-Y. et al., The Second Multiple-planet System Discovered by Microlensing: OGLE-2012-BLG-0026Lb, c—A Pair of Jovian Planets beyond the Snow Line, 2013, Astrophysical Jounal Letter, 762, 28.

Gould, A., Udalski, A., Shin, I.-G. et al., A terrestrial planet in a ~1-AU orbit around one member of a ~15-AU binary, 2014, Science, 345, 46.

외계지적생명체 찾기 프로젝트

Cocconi, G. & Morrison, P., 'Searching for Interstellar Communications', 1959, Nature, 184, 844

Korpela, E., 'SETI@home, BOINC, and Volunteer Distributed Computing', 2012, Annual Review of Earth and Planetary Sciences, 40, 69

Shostak, S., 'Are transmissions to space dangerous?', 2015, International Journal of Astrobiology, 12, 17

Tarter, J., 'The Search for Extraterrestrial Intelligence(SETI)', 2001, Annual Review of Astronomy and Astrophysics, 39, 511

Tarter, J. et al., 'The first SETI observations with the Allen telescope array', 2001, Acta Astronautica, 68, 340